数学ガールの秘密ノート

Mathematical Girls: The Secret Notebook (Probability)

確率の冒険

結城 浩
Hiroshi Yuki

≡ SB Creative

●ホームページのお知らせ

本書に関する最新情報は、以下の URL から入手することができます。

　https://www.hyuki.com/girl/

この URL は、著者が個人的に運営しているホームページの一部です。

あなたへ

この本では、ユーリ、テトラちゃん、ミルカさん、そして「僕」が数学トークを繰り広げます。

彼女たちの話がよくわからなくても、数式の意味がよくわからなくても先に進んでみてください。でも、彼女たちの言葉にはよく耳を傾けてね。

そのとき、あなたも数学トークに加わることになるのですから。

登場人物紹介

「僕」

　高校生、語り手。

　数学、特に数式が好き。

ユーリ

　中学生、「僕」のいとこ。

　栗色のポニーテール。論理的な思考が好き。

テトラちゃん

　「僕」の後輩の高校生、いつも張り切っている《元気少女》。

　ショートカットで、大きな目がチャームポイント。

ミルカさん

　「僕」のクラスメートの高校生、数学が得意な《饒舌才媛》。

　長い黒髪にメタルフレームの眼鏡。

C O N T E N T S

プロローグ

道の最端にいつでも僕は立つてゐる
──高村光太郎「道程」

未来はわからない。
未来は僕にはわからない。
何が起こるかわからない。

僕は毎日カードを引く。
何が出るかはわからない。
けれども僕はカードを引く。
今日という名のカードを引く。

道がなくても僕は進む。
未知だからこそ前に進む。
それでこそ冒険だ。
未知の冒険に出かけよう！

第1章
確率 $\frac{1}{2}$ の謎

"コインを1回投げるとき、表と裏のどちらが出るか。"

1.1 ユーリの疑問

ユーリ「ちーっす。お兄ちゃん、あっそぼー！」

僕「ユーリ、いつも元気だなあ」

ユーリ「ふふー」

僕は高校生。ユーリは中学生のいとこだ。小さい頃からいっしょに遊んできた仲だから、僕のことを《お兄ちゃん》と呼ぶ。休みの日になると、彼女はいつも僕の家にやってくる。

ユーリ「こないだテレビ見てて、気になることあったんだけど」

僕「気になること？」

ユーリ「あのね、テレビで──

　　　　起きる確率が1％だから、
　　　　100回に1回起きることになるんですよ！

　──って言ってたの」

僕「何が起きる確率の話？」

ユーリ「忘れた。何かの事故」

僕「何だそりゃ」

ユーリ「『確率が1％だから、100回に1回起きる』ってとこが気になったの！」

僕「ユーリは何が気になったんだろう」

　僕が水を向けると、ユーリは熱心に話し出した。

ユーリ「『確率が1％だから、100回に1回起きる』って言えるなら、『コイン2回投げたら 表 が出る』って言えちゃうじゃん！」

僕「ストップ。何だか話が飛んでるぞ。コインを投げて……？」

ユーリ「コインを投げて表が出る確率は $\frac{1}{2}$ じゃん？」

僕「まあそうだね。コインを投げて表が出る確率は $\frac{1}{2}$ だよ。確率は 0.5 といってもいいし、確率は 50％といってもいい」

ユーリ「だったら『コインは2回に1回表が出るんですよ！』ってなっちゃうじゃん。それって変だよね？」

僕「なるほど、なるほど。ユーリの話、もっと詳しく聞きたいな。おもしろそうな展開だ」

ユーリ「2回投げても、必ず表が1回出るわけじゃないし！」

僕「そうだね。2回投げても表が1回出るとは限らない」

ユーリ「でしょでしょ？ 2回投げても表が1回出るとは限らない。それなのに『確率 $\frac{1}{2}$ だから、2回に1回表が出る』なん

て言うのはおかしーよ」

僕「ユーリの気持ちはわかる。コインを 2 回投げたら、表が 0 回
のときも、1 回のときも、2 回のときもあるね」

ユーリ「でも、考えてたらわかんなくなった。だって、コインを
投げたときに表が出るか裏が出るかなんてわからないじゃん。
バシッと決まらない。決まるはずないよね。決まるはずない
のに『確率は $\frac{1}{2}$ であーる』って言い切れるのは何で?」

僕「ユーリは**確率が $\frac{1}{2}$ とはどういう意味か**と思ったんだね」

ユーリ「その通り!」

僕「確率が $\frac{1}{2}$ とはどういう意味か。それをはっきりさせないと
『コインを投げたときに表が出る確率は $\frac{1}{2}$ である』という表
現がどういう意味なのかわからない。そして『2 回に 1 回表
が出る』と言い換えるのが正しいかもわからない」

ユーリ「そーゆーことさ!」

僕「お兄ちゃんもうまく説明できるかどうかわからないけど、いっ
しょに整理してみよう」

ユーリ「望むところじゃ!」

1.2 確率が $\frac{1}{2}$ とはどういう意味か

僕「一番基本的なところから行こう。1 枚のコインを 1 回投げた
らどうなるかを考える。まず、1 枚のコインを 1 回投げると

　　き、表と裏のどちらかが出るとしよう」

- 表と裏のどちらかが出る。

ユーリ「それはわかる。てか、当たり前の話」

僕「『表と裏のどちらかが出る』というのは、表か裏が出る以外の
　　ことは起きないという意味だね。たとえば、コインが転がっ
　　てなくなる──なんてことは起きないと仮定するんだ」

ユーリ「おーけー」

僕「それから、1枚のコインを1回投げるとき、表と裏の両方が
　　出ることはないと仮定する」

- 表と裏の両方が出ることはない。

ユーリ「あはははっ！　そりゃそーだね。表と裏が同時に出るコ
　　インなんて、どんなんじゃー！」

僕「まあまあ。それからもう一つ、1枚のコインを1回投げると
　　き、表も裏も同じくらい出やすいとする」

- 表も裏も同じくらい出やすい。

ユーリ「……」

僕「いまのは、表が特に出やすいとはいえないし、裏が特に出や
　　すいともいえないという仮定だよ」

ユーリ「ふーん……」

僕「ここまでに三つのことを仮定した。その上で、1枚のコイン
　　を1回投げたときに《表が出る確率》をこう定義する」

コインを1回投げるときに《表が出る確率》の定義
1枚のコインを1回投げるとき、次のことを仮定する。

- 表と裏のどちらかが出る。
- 表と裏の両方が出ることはない。
- 表と裏は同じくらい出やすい。

このとき、表が出る確率を、

$$\frac{1}{2}$$

と定義する。

- $\frac{1}{2}$ の分母2は《すべての場合の数》である。
- $\frac{1}{2}$ の分子1は《表が出る場合の数》である。

ユーリ「ちょっと待って**ダウト**！ 何だか変だよ、お兄ちゃん」

僕「納得いかない？ どこか変なところあった？」

ユーリ「……」

　そこでユーリは口を閉じ、長考モードに入る。
　彼女の栗色の髪がきらきらと輝く。
　僕はもちろん静かに待つ。

1.3　納得できないユーリ

僕「……」

ユーリ「……わかんなくなった！」

僕「ユーリは《自分が考えていたこと》を言える？」

ユーリ「なんか変なの。あのね……えーと」

僕「うん」

ユーリ「コインを 1 回投げたときに表が出る確率って $\frac{1}{2}$ だよね」

僕「うん、そうだよ」

ユーリ「ユーリはね、どーして $\frac{1}{2}$ なのかを知りたいの」

僕「ユーリは、コインを 1 回投げたときに表が出る確率が $\frac{1}{2}$ になる理由を知りたい。うん、それもわかってる」

ユーリ「だからね、ユーリはね、お兄ちゃんが——

- 表が出る確率は、ホニャホニャの定理によって $\frac{1}{2}$ になる。
- その定理は、フギャフギャのように証明する。

——って話を始めるんだと思ってたの」

僕「なるほど、なるほど。ユーリは賢いなあ！」

ユーリ「さっきのお兄ちゃんの話は《ずるっこ》してるよね」

僕「ずるいことは何もしてないよ」

ユーリ「だって、表が出る確率を $\frac{1}{2}$ と《定義》したじゃん」

僕「定義したねえ」

ユーリ「それがずるっこ。$\frac{1}{2}$ に決めちゃうなんて、ずるい」

僕「でもね、表が出る確率が $\frac{1}{2}$ になるのはなぜかという問いに対しては『そう定義したから』が答えなんだ」

ユーリ「《定義した》ってゆーのは《そう決めた》ってことじゃん。そんなの、そんなの……確率を勝手に決めてもいーの?」

僕「だって、どこかでは確率を定義することになるよ。《確率とはこれこれこういうものである》と定義しないことには、数学の議論はできないよね?」

ユーリ「えーっ、そーゆーんじゃないんだよー! ユーリが気にしていること、わかれよー!」

僕「無茶振りするなあ」

　ユーリの真剣な表情を見て僕は考える。
　彼女が気にしていることは何か——

1.4 確率と起きやすさ

ユーリ「ねえ、わかった? わかった? ユーリが気にしてること、わかった?」

僕「せかすなよ……たぶんね」

ユーリ「わくわく」

僕「ユーリは《確率というもの》が、前もって存在すると思ってるんじゃない？」

ユーリ「へ？　当たり前じゃん。存在しないの？」

僕「確率は、定義するまでは存在しないよ」

ユーリ「わけのわかんないことを言い出すなよー」

僕「存在しないというのはちょっと言い過ぎだけど、この自然界に確率というものが存在して、それを研究しようとしているんじゃないんだよ」

ユーリ「ぜんぜん納得できなーい！　だって、コイン投げで表が出る方が、宝くじで当たりが出るよりも起きやすいじゃん！　宝くじで当たりが出るなんてなかなか起きないことだし！　そーゆーのが存在しないわけ？」

僕「そこだよ。僕たちは、出来事が起きるか起きないかに関心があるよね」

ユーリ「あるよー。大ありだよー」

僕「だから、その《起きやすさ》を研究したいと思うわけだ」

ユーリ「だったら、やっぱ、確率は存在するじゃん！」

僕「よく聞いて。僕たちが経験する《起きやすさ》は確かにある。ユーリがさっき言ったように、コイン投げで表が出るのは、宝くじで当たるよりも起きやすい。僕たちはそれを経験的に知ってる。だから、その《起きやすさ》を調べたい」

ユーリ「……」

僕「**起きやすさ**を研究するためには、いったいどんな概念を定義<ruby>概念<rt>がいねん</rt></ruby>を定義したらいいだろうか。それは自然な発想だ。どんな概念を定義したら、起きやすい／起きにくいを研究できるだろうか。こっちよりもあっちが起きやすいといえるだろうか。そのために定義した概念が**確率**なんだよ」

ユーリ「……」

僕「どう？ 少し納得してきた？」

ユーリ「もしかして……《起きやすさ》と《確率》って別のもの？」

僕「その通り！ 《起きやすさ》と《確率》って別のものだよ」

ユーリ「……」

僕「《起きやすさ》と《確率》は別のもの。うん、それはちょうど《温かさ》と《温度》が別のものであるのに似ている」

ユーリ「……そっか！」

僕「《温かさ》を調べたり、《どちらが温かいか》を比べたりするために《温度》を定義したように——」

ユーリ「《起きやすさ》を調べたり、《どちらが起きやすいか》を比べたりするために《確率》を定義するの？」

僕「そういう話。確率の第一歩はそこだ。確率は最初からあるものじゃなくて、定義するものなんだよ」

ユーリ「うっわー！ 頭がぐるんぐるんする……ちょっと待ってお兄ちゃん。それおかしいよ」

僕「何が？」

ユーリ「確率は定義するものってゆーのはわかった。でもね、好きに決めていいなら、いろんな確率が作れちゃうじゃん。作ってもいーんでしょ？」

僕「すごい発想だな、ユーリ！」

ユーリ「よくわかんないけど、二乗したり三乗したり三角関数使ったりして、新しい確率を定義したぞ！ ……ってね」

僕「それに《確率》という名前を付けるのは良くないと思うけど、定義するのは自由だよ。《起きやすさ》を表す新しい概念を決める。《ユーリ率》の誕生だ！」

ユーリ「そんなことしたら、めちゃくちゃになっちゃうじゃん」

僕「いやいや、勝手な定義で《ユーリ率》を作っても、それは便利じゃない。だから誰も使わないだけだよ」

ユーリ「むー……」

僕「僕たちが知っている《起きやすさ》を、うまく表してくれないなら役に立たないからね」

ユーリ「あっ、じゃあ、さっきお兄ちゃんが言った《確率》の定義は《起きやすさ》を表すうまい方法なの？」

僕「その通り！ この確率の定義を採用したとき、1枚のコインを1回投げるだけだとあまりありがたみはない。でも、もっと複雑な《起きやすさ》を考えるときには役に立ってくれる」

ユーリ「ほほー！」

僕「確率を定義するという意味がわかったところで、もう一度

さっきの話に戻るよ」

1.5 確率の定義

> **コインを1回投げるときに《表が出る確率》の定義**（再掲）
>
> 1枚のコインを1回投げるとき、次のことを仮定する。
>
> - 表と裏のどちらかが出る。
> - 表と裏の両方が出ることはない。
> - 表と裏は同じくらい出やすい。
>
> このとき、表が出る確率を、
>
> $$\frac{1}{2}$$
>
> と定義する。
>
> - $\frac{1}{2}$ の分母2は《すべての場合の数》である。
> - $\frac{1}{2}$ の分子1は《表が出る場合の数》である。

ユーリ「……」

僕「ここでは《表》と《裏》という 2通りの場合 があるときに限って確率を定義した。なぜかというと確率は定義するものだってことを簡単に話すため。でも本来は、N 通りの場合 があるとして確率を一般的に定義する。こんなふうにね」

確率の定義

全部で N 通りの《起きるかもしれないこと》があるとき、次を仮定する。

- N 通りのどれかが起きる。
- N 通りのうち、起きるのは 1 通りである。
- N 通りのどれも、同じくらい起きやすい。

全部で N 通りのうち、n 通りのいずれかが起きる確率を、

$$\frac{n}{N}$$

と定義する。

- $\frac{n}{N}$ の分母 N は《すべての場合の数》である。
- $\frac{n}{N}$ の分子 n は《注目している場合の数》である。

ユーリ「……」

僕「この定義はどうかな？　N＝2で n＝1 にすると、コインを1回投げるときに《表が出る確率》の定義になるよね」

ユーリ「うーん……」

僕「ややこしく感じるかもしれないから、別の例で説明するよ。コインじゃなくて、サイコロを振る例を考えよう」

ユーリ「わかった」

1.6 サイコロを振る例

僕「サイコロを振ると、6通りのうちどれかが出る」

ユーリ「そだね」

僕「1個のサイコロを1回だけ振ったとき、出る目はこの6通りのうち、どれか一つ」

ユーリ「うん。どれが出るかはわかんないけど」

僕「そして、サイコロのどの目も同じくらい出やすいとしよう。特別に⚅が出やすいなんてことはないとする」

ユーリ「インチキなサイコロじゃないってこと？」

僕「そうだね」

ユーリ「それで？」

僕「このとき確率の定義により、たとえば⚄が出る確率は、

$$\frac{1}{6}$$

になる。《すべての場合の数》である6通りのうち、《⚄が出る場合の数》は1通りだからね。$N = 6$で$n = 1$だ」

ユーリ「それって、当たり前のことをめんどくさく言ってる？」

僕「というよりも、確率の定義に当てはめているんだよ。

$$《\text{⚄ が出る確率}》= \frac{\text{⚄ が出る場合の数（1通り）}}{\text{すべての場合の数（6通り）}}$$

$$= \frac{1}{6}$$

ということ」

ユーリ「うん。いーよ」

僕「じゃあ、たとえば、サイコロを1回だけ振って《⚄ か ⚅ のどちらかが出る確率》はわかる？」

ユーリ「$\frac{1}{3}$」

僕「それは、どうして？」

ユーリ「$\frac{2}{6} = \frac{1}{3}$ だから」

僕「そうだね。《すべての場合の数》は6通りで、《⚄ か ⚅ のどちらかが出る場合の数》は、⚄ が出る場合と ⚅ が出る場合の2通りある。つまり、N = 6 で n = 2 だ。だから、

$$《\text{⚄ か ⚅ のどちらかが出る確率}》= \frac{\text{⚄ か ⚅ のどちらかが出る場合の数（2通り）}}{\text{すべての場合の数（6通り）}}$$

$$= \frac{2}{6}$$

$$= \frac{1}{3}$$

が求める確率となる。これは確率の定義に具体的な例を当てはめてみたわけだ」

ユーリ「うーん、この定義はわかったけど、まだ納得できない……」

1.7　まだ、納得できないユーリ

僕「納得できないのは、どのあたりだろう。たとえば……」

ユーリ「ちょっと待ってよ！　あのね、えーと、確率の定義に出てきた《N 通りのどれかが起きる》は、コイン投げなら《表か裏のどっちかが出る》って意味でしょ？」

僕「そう。確率の定義での仮定だね。そこが引っかかる？」

ユーリ「んにゃ。そこはいーんだよなー……それから、次に出てくる《N 通りのうち、起きるのは 1 通りである》は、コイン投げなら《表か裏のどっちかしか出ない》って意味じゃん？」

僕「そうそう、そういう意味だよ。その仮定も大事だね」

ユーリ「《N 通りのどれも、同じくらい起きやすい》ってゆーのは、コイン投げだと、どーなるの？」

僕「《表と裏は同じくらい出やすい》という仮定になるよ。表が特別に出やすいとはいえないし、裏が特別に出やすいともいえない。そういう仮定だね」

ユーリ「その仮定って、意味あるの？」

僕「意味とは」

ユーリ「意味は意味じゃん。このコインを投げたときには《表と裏は同じくらい出やすい》って仮定する意味はあるの？」

僕「ユーリの質問の意味がわからないんだけど」

ユーリ「うー！ *わかれよー*！ わかっておくれよー！」

僕「言葉にしなきゃ、わからないよ」

ユーリ「いつもみたいにテレパシー使えばいーじゃん！」

僕「無茶言うなって」

　僕は考える。
　ユーリは、いったい何に引っかかっているんだろうか──

僕「──もしかしてユーリは《起きやすい》という言葉に引っか
かっているのかな。いまから《確率》を定義するのに《起き
やすい》という言葉を使ったら、循環した定義にならないか
──とか？」

ユーリ「じゅんかんしたてーぎ？」

僕「《確率》を定義するのに《確率》を使うみたいになっているん
じゃないかってこと」

ユーリ「んにゃ、違うよー。だって《確率》と《起きやすさ》は
別のものとして考えるんでしょ」

僕「そこはもう納得できたんだ……あ、それじゃ、ユーリは、コ
インの表裏のどちらが出やすいかなんて調べようがないとい
うところが気になってる？」

ユーリ「それそれ！ そー言ってるじゃん。《表と裏は同じくらい
出やすい》と仮定するのは不可能！ だって、そーでしょ？
ここにコインがあったとして、表と裏が同じくらい出やすい
なんて、どーして断言できるの？ そんなの調べよーがない
じゃん？」

僕「だからこそ、仮定するんだよ」

ユーリ「表と裏が同じくらい出やすいかどうかわからないのに、それを仮定しちゃうの？」

僕「そうだよ。ユーリの疑問は半分正しいといえる。目の前にある物理的なコインに対して、表と裏が同じくらい出やすいなんてことは断言できない。だからこそ《表と裏は同じくらい出やすい》という仮定をおくんだ」

ユーリ「だったら、そのコインがもしも《表が出やすいコイン》だったらどーすんの？ 困るじゃん」

僕「仮定が満たされないんだから、この確率の定義は当てはめられないというだけのこと。つまり、《表が出やすいコイン》の場合には、表が出る確率は $\frac{1}{2}$ とはいえない。何もおかしくはないね」

ユーリ「うー……何だかごまかされたみたい」

僕「それは、ユーリの中で二種類のコインが混ざっているからかもしれないよ」

ユーリ「二種類のコイン？」

1.8　二種類のコイン

僕「いま僕たちは、**二種類のコイン**を考えているんだよ。一つは**理想のコイン**。理想のコインは表と裏が同じくらい出やすいと確実にいえるコイン。だから、理想のコインで表が出る確

　　率は $\frac{1}{2}$ になる。これは確率の定義からいえること」

ユーリ「ふんふん。もう一つのコインって？」

僕「もう一つは**現実のコイン**だね。おそらく表と裏が同じくらい出やすいだろうと思うけど、断言できるわけじゃない。そんなコイン。断言はできないけど、表と裏で特にどちらが出やすいという理由はないコイン。それが現実のコイン」

ユーリ「理想のコインと現実のコイン……」

僕「確率を定義するときには、理想のコインを使っているといえる。そして確率の定義では、理想のコインが満たす仮定を明確にしてある。僕たちの目の前にあるコインは現実のコイン。そしてその現実のコインが、確率の定義に出てきた仮定を満たしていると見なしたときに何がいえるかを考える……と、そういう流れになっているんだよ」

ユーリ「ほほー……ちょっとわかってきたかも。仮定を満たしていると見なすのか——でも、結局、仮定を満たしていると見なしたのが正解かどうかわかんないなら、確率を計算しても、それが正解かどうかわかんないじゃん！」

僕「ユーリは賢いなあ！ そうだね。現実のコインが確率の定義で使っている仮定を満たすかどうかは断言できないからね。まったくわからないなら、意味はない。でも、調べることはできるよ」

ユーリ「断言できないけど調べられるって、意味わかんない」

僕「仮定を満たすと断言することはできないんだ。でも、目の前にあるコインが仮定を満たしそうかどうかはわかる」

ユーリ「へえっ！ そんなことわかんの？」

僕「実際に投げてみればいい」

1.9 確かめるため数えよう

ユーリ「は？ 何その原始的方法。実際に投げて、何がわかるの？」

僕「原始的方法というけど、僕たちがコインに対してできるのは、
投げてみることしかないんだから、原始的も何もないよね。
投げてみて表が出るかどうかを調べていく。そうすれば……」

ユーリ「またわかんなくなった！ お兄ちゃん、いま知りたいの
は現実のコインで**表と裏が同じくらい出やすいかどうか**だ
よね？」

僕「そうだね、その通りだよ。だから投げてみて……」

ユーリ「待って待って待って。コインを投げて何が起きるかはわ
かってるじゃん。表が出たり、裏が出たりする。でもどちら
が起きるかはわからない。どんだけ注意しても、どちらが起
きるかはわからない。それははっきりしてる。なのに、何か
できることがあるの？」

僕「あるよ。何回も投げてみて、**表が何回出たかを数える**んだ」

ユーリ「数えたとしても、やっぱりバシッと決まるわけじゃない
もん。表が出るか、裏が出るか、はっきりしないもん。起き
たり起きなかったりする偶然のことについて、何にもはっき
りしないもん！」

僕「なるほどね。ユーリの気持ちはよくわかるよ。さっきも言ったけど、目の前にあるコインについて、表と裏でどちらかが特別出やすいかどうかを断言することはできない。でも、どちらも同じくらい出やすいらしいということは判断できるんだよ」

ユーリ「うーん……」

僕「話を整理しよう。《表が何回出たかを数える》ということをもう少しちゃんといえば、こうなる」

《コインを繰り返し投げて、表が出る回数を数える》
コインを投げる回数を正の整数 M で表すことにする。
コインを M 回投げる。
M 回のうち、表が出た回数を m で表す。

ユーリ「いやいや、ユーリの目はごまかさられあさ……」

僕「噛むなよ」

ユーリ「ごまかされませんぜ。M って文字を使っても、実際は数じゃん？　正の整数だから、$M = 1$ とか、$M = 123$ とか、$M = 10000$ でしょ？　話は何も変わってないもん！」

僕「その通り。話は変わっていない。でも M や m のように文字を使うと、言いたいことを簡潔に表せるからね」

ユーリ「そーなの？」

僕「たとえば、コインを2回投げるときのことは、$M = 2$ と簡潔に表せるだろう？」

ユーリ「ふむー」

1.10 コインを2回投げるとき

僕「コインを投げる回数を M で表して、表の回数を m で表すことにする。$M = 2$ のとき、次の4通りのうちどれかが起きることになる」

- 1回目が「裏」で、2回目も「裏」。
  つまり、表が0回出る（$m = 0$）。
- 1回目が「裏」で、2回目は「表」。
  つまり、表が1回出る（$m = 1$）。
- 1回目が「表」で、2回目は「裏」。
  つまり、表が1回出る（$m = 1$）。
- 1回目が「表」で、2回目も「表」。
  つまり、表が2回出る（$m = 2$）。

ユーリ「うんうん。ものすごくくどいけどねー」

僕「そうだね。表裏を並べて簡単に表すことにしよう。$M = 2$ のとき、次の4通りのうちどれかが起きる」

- 裏裏（$m = 0$）
- 裏表（$m = 1$）
- 表裏（$m = 1$）
- 表表（$m = 2$）

ユーリ「そだね」

1.11 コインを 3 回投げるとき

僕「コインを 3 回投げるとき、つまり M = 3 のときは、次の 8 通りのどれかが起きる」

- 裏裏裏（m = 0）
- 裏裏表（m = 1）
- 裏表裏（m = 1）
- 裏表表（m = 2）
- 表裏裏（m = 1）
- 表裏表（m = 2）
- 表表裏（m = 2）
- 表表表（m = 3）

ユーリ「そっか、M = 3 だと 8 通りなんだね」

僕「そうだね。表か裏かの 2 通りが毎回あるから、3 回で、

$$\underbrace{2 \times 2 \times 2}_{3回} = 8$$

という計算で 8 通りになることがわかる」

ユーリ「うん、それで？」

1.12　コインを4回投げるとき

僕「コインを4回投げる——つまり $M = 4$ ならこうなる」

- 裏裏裏裏（$m = 0$）
- 裏裏裏表（$m = 1$）
- 裏裏表裏（$m = 1$）
- 裏裏表表（$m = 2$）
- 裏表裏裏（$m = 1$）
- 裏表裏表（$m = 2$）
- 裏表表裏（$m = 2$）
- 裏表表表（$m = 3$）
- 表裏裏裏（$m = 1$）
- 表裏裏表（$m = 2$）
- 表裏表裏（$m = 2$）
- 表裏表表（$m = 3$）
- 表表裏裏（$m = 2$）
- 表表裏表（$m = 3$）
- 表表表裏（$m = 3$）
- 表表表表（$m = 4$）

ユーリ「お兄ちゃん、お兄ちゃん。これ、M を増やしていったらとんでもなく数が増えていくヤツじゃない？」

僕「そうだね。M 回投げるなら、

$$\underbrace{2 \times 2 \times \cdots \times 2}_{M\,回} = 2^M$$

という計算で、表と裏のパターンが 2^M 通りあるとわかる。このすべての場合を書き上げていたら、M が大きいときに爆発的に増えてしまう。だから、表現の仕方を工夫しよう。《表が何回出るか》に注目して、そのパターンを数えるんだ」

ユーリ「パターンを数える？」

1.13 パターンを数える

僕「たとえば、$m = 4$ になるパターンは、表表表表しかない。1通りだね。$m = 3$ になるのは、表表表裏と、表表裏表と、表裏表表と、裏表表表の4通り。$M = 4$ のとき、こんなふうに整理できる」

- $m = 0$ になるパターンは、1通り。
  - 裏裏裏裏 ($m = 0$)
- $m = 1$ になるパターンは、4通り。
  - 裏裏裏表 ($m = 1$)
  - 裏裏表裏 ($m = 1$)
  - 裏表裏裏 ($m = 1$)
  - 表裏裏裏 ($m = 1$)
- $m = 2$ になるパターンは、6通り。
  - 裏裏表表 ($m = 2$)
  - 裏表裏表 ($m = 2$)
  - 裏表表裏 ($m = 2$)
  - 表裏裏表 ($m = 2$)
  - 表裏表裏 ($m = 2$)
  - 表表裏裏 ($m = 2$)

- $m = 3$ になるパターンは、4通り。
  - 裏表表表（$m = 3$）
  - 表裏表表（$m = 3$）
  - 表表裏表（$m = 3$）
  - 表表表裏（$m = 3$）
- $m = 4$ になるパターンは、1通り。
  - 表表表表（$m = 4$）

ユーリ「なーるほど」

僕「ねえユーリ、この数に見覚えない？」

- $m = 0$ になるパターンは、1通り。
- $m = 1$ になるパターンは、4通り。
- $m = 2$ になるパターンは、6通り。
- $m = 3$ になるパターンは、4通り。
- $m = 4$ になるパターンは、1通り。

ユーリ「$1, 4, 6, 4, 1$ だから……あっ、これ**パスカルの三角形**に出てくる数じゃん！」

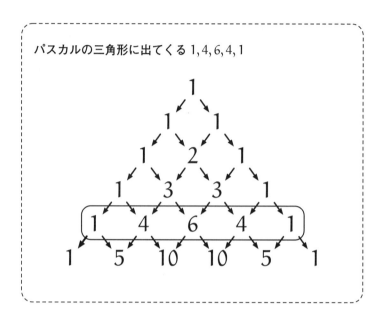

パスカルの三角形に出てくる 1, 4, 6, 4, 1

僕「その通り！　よく気付いたね」

ユーリ「は？　これ偶然？」

僕「いやいや、偶然じゃないよ。パスカルの三角形の作り方を考えればわかる。パスカルの三角形は、左上の数と右上の数を足し合わせて作っていくから」

ユーリ「それでパターンの数になるの？」

僕「左下に進む矢印に《表》と書いて、右下に進む矢印に《裏》と書けばいい」

パスカルの三角形と場合の数

ユーリ「えーと……」

僕「そうすると、たとえばコインを4回投げたときの表裏のパターンは、一番上から矢印を4本たどった道に対応していることがわかる。たとえば、表が3回で裏が1回のパターンなら、こんな4通りの道だね」

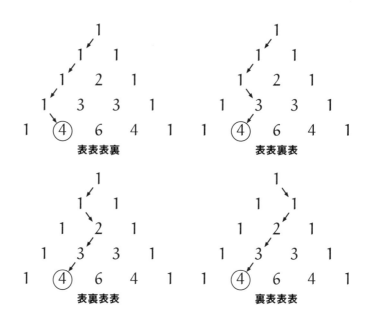

ユーリ「ははーん……」

僕「パスカルの三角形に出てくる数は、そこに至る道が何通りあるかを示している。そしてそれはちょうど、コインの表裏のパターンの数に対応しているんだ」

ユーリ「コインを投げて表が出たら左下に進んで、裏が出たら右下に進んだと考えるんだね」

僕「そういうこと」

ユーリ「おもしろいねえ！」

1.14 パターンは何通り

僕「パスカルの三角形はさておき、話を戻そう」

ユーリ「何の話してたんだっけ」

僕「現実のコインで、表と裏が同じくらい出やすいかどうかを調べる話だよ」

ユーリ「そーだった」

僕「『このコインは表と裏が同じくらい出やすい』といちいち言う代わりに、『このコインは**フェア**だ』と言うことにしよう」

ユーリ「ふぇあ？」

僕「フェアは『公平な』という意味だよ。投げるたびにいつでも表と裏が同じくらい出やすいコインはフェアだと呼ぼう」

フェアなコイン
いつでも表と裏が同じくらい出やすいコインを、**フェア**なコインという。偏りのないコインともいう。

ユーリ「そのコインはインチキじゃないってことだね」

僕「そうだね。理想のコインはフェアだ。では現実のコインはフェアと見なせるだろうか。僕たちは、目の前にある現実のコインを、フェアだと見なせるかどうか調べたい。そのため

に、コインを4回投げたときのパターンの個数を注意深くみてみよう」

M ＝ 4 のとき、すべてのパターンは 16通りあり、そのうち……

- $m = 4$ になるパターンは、1通り。
- $m = 3$ になるパターンは、4通り。
- $m = 2$ になるパターンは、6通り。
- $m = 1$ になるパターンは、4通り。
- $m = 0$ になるパターンは、1通り。

ユーリ「うん、いいよ。4回投げたら表裏のパターンは……

$$\underbrace{2 \times 2 \times 2 \times 2}_{4回} = 16$$

……と、全部で16通りある。それで？」

僕「表が出る回数ごとに、パターンが何通りあるかという場合の数をこんな図で表してみる。**ヒストグラム**だね」

ユーリ「ふんふん？」

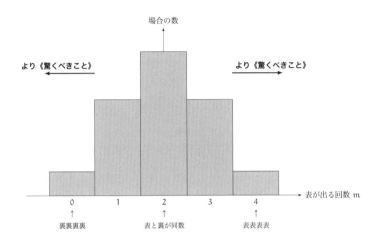

僕「4回投げて**すべてが表**になったとする。M = 4 で m = 4 の場合だね。このヒストグラムでいうと、表が4回出たというのは、表と裏が同数の2回に比べてずいぶん外れていることになる。もしもそのコインがフェアだとすると、なかなか驚くべきことが起きたといえる」

ユーリ「うーん……でも、表表表表になることだってあるよ。絶対に起きないわけじゃないよね」

僕「そうだね。起きないわけじゃない。だから M を大きくして考えてみる。コインを投げる回数を増やすんだ」

ユーリ「M = 10 とか?」

僕「うん、たとえばね。10回投げたときにすべてが表になったとする。M = 10 で m = 10 だね。それは、

$$\underbrace{2 \times 2 \times 2 \times 2 \times 2 \times 2 \times 2 \times 2 \times 2 \times 2}_{10 \text{回}} = 1024$$

　　ということで、全部で 1024 通りある。ヒストグラムを描く
　　ならこうなる」

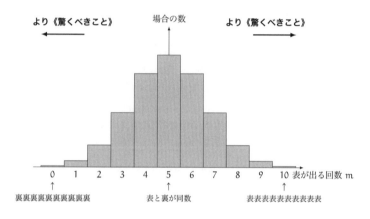

ユーリ「……ちょっとストップして」

僕「いいよ。何？」

ユーリ「すごく大きな M のときに、全部表が出たら驚くべきこ
　　とが起きたんだから、そのコインはフェアじゃないぞ――っ
　　て話をしてるの？」

僕「おおよそはそういう話。全部表じゃなくてもいいよ。このヒ
　　ストグラムでいえば、表が出る回数が 5 回から大きく外れれ
　　ば外れるほど、より驚くべきことが起きたんだぞ、という話」

ユーリ「ふむふむふむふむっ！」

僕「現実のコインに対して《そのコインはフェアじゃないぞ》と
　　断言はできない。でも、《もしもそのコインがフェアだとし
　　たら、とても驚くべきことが起きているんだぞ》とは言える」

ユーリ「ほほー。探偵みたいだね！」

1.15　相対度数の定義

僕「ここまではわかりやすいように《全部が表になった》で説明
　　したけど、《投げた回数のうち何回表が出たか》という割合に
　　注目しよう」

ユーリ「わりあい」

僕「《投げた回数》のうち《何回表が出たか》というのを、割合で
　　表すんだね。具体的には、

$$\frac{m}{M}$$

　　という分数で表される数を考えるわけだ」

ユーリ「あー、確率のことね」

僕「違うよ」

ユーリ「え？」

僕「違うよ。$\frac{m}{M}$ というのは確率じゃない」

ユーリ「確率じゃないなら、何なの？」

僕「$\frac{m}{M}$ は**相対度数**だね。確率と相対度数は違うものだよ」

相対度数の定義

コインを M 回投げて「表」が出た回数を m とするとき、

$$\frac{m}{M}$$

の値を「表」が出た**相対度数**という。

ユーリ「確率と同じ分数の形じゃん！」

僕「いやいや、分数の形だからといって同じものだと考えちゃだめだよ。**確率と相対度数は違う**。だって、分母と分子が表しているものがまったく違うから。確率の定義を思い出そう」

確率の定義（再掲）

全部で N 通りの《起きるかもしれないこと》があるとき、次を仮定する。

- N 通りのどれかが起きる。
- N 通りのうち、起きるのは 1 通りである。
- N 通りのどれも、同じくらい起きやすい。

全部で N 通りのうち、n 通りのいずれかが起きる確率を、

$$\frac{n}{N}$$

と定義する。

- $\frac{n}{N}$ の分母 N は《すべての場合の数》である。
- $\frac{n}{N}$ の分子 n は《注目している場合の数》である。

ユーリ「む……」

　ここでユーリは長考モードに入る。
　僕は待つ。
　ここは時間を掛けて考える価値があるところだ。
　僕自身、相対度数と確率を混同していたときがあったから、ユーリの混乱はよくわかる。

ユーリ「……」

僕「……」

ユーリ「……相対度数は実際にやってみればわかる？」

僕「そうだね。現実のコインを実際に投げてみれば、表が出る相対度数を得ることができるよ」

ユーリ「M 回投げてみて、m 回表が出たら、$\frac{m}{M}$ を計算すればいい」

僕「そういうこと。表が出る相対度数はそうやって得られる。2 回投げて 1 回表が出たら、相対度数は $\frac{1}{2}$ になる」

ユーリ「もし 2 回投げて 2 回とも表なら相対度数は 1 だよね？」

僕「そうだね。M = 2 で m = 2 になったから、相対度数は $\frac{m}{M} = \frac{2}{2} = 1$ だよ」

ユーリ「確率は定義して決めるものだけど、相対度数は実際に投げて調べるもの？」

僕「そういうことになる」

ユーリ「うん。確率と相対度数が違うのはわかった。でも、無関係じゃないよね？」

僕「そうだね。ユーリの言う通り、確率と相対度数は無関係じゃない。二種類のコインと照らし合わせて考えてみよう」

ユーリ「理想のコインと現実のコイン？」

僕「そうだね。**理想のコイン**はフェアだ。だから理想のコインで表が出る**確率**は $\frac{1}{2}$ だ。これは確率の定義からいえること」

ユーリ「ふむふむ」

僕「**現実のコイン**は、フェアだとは断言できない。でも、フェアと見なせるかどうかを何とかして調べたい。調べるために、何

回も投げる。そして表が何回出たかを数える。つまり、M 回投げて、m を求める。そして**相対度数**の $\frac{m}{M}$ がどうなるかを調べる」

ユーリ「ふむふむ！」

僕「M を非常に大きくして、表が出る相対度数 $\frac{m}{M}$ の値を調べる。表が出る相対度数、つまりコインを投げた回数のうち表が出る割合は、投げる回数が大きくなれば、表が出る確率に近づく。だから相対度数は、現実のコインがフェアだと見なせそうかどうかの判断に使うことができる。そのための手順は研究されていて**仮説検定**と呼ばれている[*1]」

ユーリ「むー……何か引っかかる」

僕「どういうところが引っかかる？」

ユーリ「待ってよ。ぽんぽん聞いてこないで」

僕「はいはい。待ってるよ」

ユーリ「……」

僕「……」

1.16 表が10回出た後は、裏が出やすいか

ユーリ「表と裏で同じくらい出やすいコインがあったとするよね」

[*1] 参考文献 [3] 『数学ガールの秘密ノート／やさしい統計』第5章参照。

僕「いいよ。フェアなコインだ」

ユーリ「フェアなコインで、M を大きくすると、$\frac{m}{M}$ は $\frac{1}{2}$ に近くなるの？」

僕「そうだね。投げる回数 M を大きくすれば、$\frac{m}{M}$ は $\frac{1}{2}$ に近づくといっていい」

ユーリ「フェアなコインを投げたとしても、最初から 10 回続けて表が出ることだってあるよね？」

僕「うん、もちろん、それはありえる」

ユーリ「10 回続けて表が出たとき、その次って何が出るの？」

表→表→表→表→表→表→表→表→表→表→？

僕「10 回続けて表が出たとしても、11 回目に何が出るかはわからないよ。表が出るかもしれないし、裏が出るかもしれない。フェアなコインなんだから、どちらも同じくらい出やすい」

ユーリ「**ダウト！** それ、変だよ！」

僕「え？　変なところあった？」

ユーリ「10 回投げて 10 回表が出たら、相対度数は 1 だよね？」

僕「その通りだね。ユーリは正しいよ。10 回投げたんだから M = 10 で、そのうち 10 回表が出たなら m = 10 となる。だから表が出た相対度数は、その時点で

$$\frac{m}{M} = \frac{10}{10} = 1$$

になる。相対度数は1で正しいね」

ユーリ「でもMを大きくしていったら $\frac{m}{M}$ は $\frac{1}{2}$ に近づいていく」

僕「それも、その通り」

ユーリ「それなのに、11回目は表と裏は同じくらい出やすいの？」

僕「うん、そうだよ。何が気になってるんだろう」

ユーリ「あのね、相対度数が1から $\frac{1}{2}$ に近づいていくためには、
裏が出やすいはずじゃないの？」

僕「ああ……そういうこと」

ユーリ「でしょ？ 表が10回も出たんだから、そこからは裏が多
く出て、バランスを取らなくっちゃ。でないと相対度数は $\frac{1}{2}$
に近づけないもん。相対度数が $\frac{1}{2}$ に近づくって、表と裏が同
じくらいの個数になっていくってことでしょ？ だったら、
表がたくさん出た後は、裏が出やすいはず！」

僕「《ユーリの疑問》はこういうことだね」

ユーリの疑問

フェアなコインで表が10回続けて出た後は、裏が出やすくな
ければいけないはずだ。なぜなら、裏が出やすくなければ、コ
インを繰り返して投げても相対度数は $\frac{1}{2}$ に近づけないから。

ユーリ「そーそー！」

僕「ユーリの疑問はよくわかった。でもね、そもそも《表が 10 回続けて出た後は裏が出やすい》と考えるのはおかしいんだよ。だって、《**コインには記憶装置が付いてない**》んだから」

ユーリ「コインには、記憶装置が、付いてない……？」

僕「コンピュータのメモリや、僕たちの脳みたいな記憶装置は、コインにはない。言い換えると、過去に表と裏が何回出たかなんて、コインは覚えていられない。覚えていられないんだから、過去に出た表裏を考慮して、次の表裏を決めることはできない——そうだよね」

ユーリ「確かに《コインには記憶装置が付いてない》けど……でも、でもね、お兄ちゃん！ だったら、相対度数が $\frac{1}{2}$ に近づくってゆーのがまちがいだよ！」

僕「どうしてそう思うの？」

ユーリ「さっき言ったじゃん！ 表と裏のバランス取らなきゃいけないんだもん。10 回投げて表が 10 回出たら、裏は 0 回じゃん。これから裏が多く出なくちゃ、ずっと表が多いままになっちゃう。裏が多く出るためには、ほんのちょっとでも裏が出やすくなってるはず！」

僕「ところが、そうじゃないんだ」

ユーリ「うっわー、何その論理。わけがわかんない。表と裏が同じくらい出やすいとしたら、表が 10 回多いところから、どうやってバランス取るの？ 納得できなーい！」

僕「とてつもなく大きな数がバランスを取ってくれるんだよ」

ユーリ「は……？」

僕「ユーリが言う《バランスを取る》は、たとえば《表が10回 続けて出た後、裏が10回続けて出る》みたいなイメージだ よね」

ユーリ「うん、たとえばね」

僕「それは、表が10回続けて出た後、残り10回でバランスを取 ろうとしたわけだ。確かに、残り10回で相対度数を $\frac{1}{2}$ に近 づけるには、裏が多く出なければならないよ」

ユーリ「……」

僕「でも、《フェアなコインを投げたとき、M を大きくしていく と相対度数は $\frac{1}{2}$ に近づく》というときには、そういう小さな 数でのつじつま合わせを考えているんじゃないんだ。M は何 百億、何千億……もっとずっとずっと大きな数を考えている」

ユーリ「えーと……だとしても、最初に10回連続して表が出て、 その後ずっと表と裏が同じくらい出るなら、表の方が多いま まじゃん！ 何千億回投げたとしても！」

僕「そうだね。表と裏の出た回数の《差》を考えるなら、表が多 いという偏りを持ったまま進んでいくことになる。たとえ ば、10回続けて表が出た後、10000回投げてみよう。そして 表と裏が同じ回数——つまり5000回ずつ出たとする。する と、結局10010回投げて表は5010回、裏は5000回出たこと になる。そのとき《差》は10回だね」

表と裏の出た回数の《差》を考える

10回投げたら、10回すべてが表だった。

さらに10000回投げたら、半分の5000回が表だったとする。

- 表が出た回数は $10 + 5000 = 5010$ 回になる。
- 裏が出た回数は5000回になる。

 表が出た回数 $-$ 裏が出た回数 $= 5010 - 5000 = 10$

ユーリ「ほらほら、やっぱり表の方が10回多いままだ！」

僕「でも、相対度数で考えるのは《差》じゃない。投げた回数に対して表が出た回数の割合、つまり《差》じゃなくて**《比》**だよね。そうすると、投げた回数が多くなればなるほど、《表が10回多い》という偏りは投げた回数に対して相対的に小さくなる。10010回投げて表が5010回出たなら、相対度数 $\frac{m}{M}$ はずいぶん0.5に近くなるよ」

> **投げた回数に対して表が出た回数の《比》を考える**
>
> 10回投げたら、10回すべてが表だった。
> さらに10000回投げたら、半分の5000回が表だったとする。
>
> - 投げた回数は $10 + 10000 = 10010$ 回になる。
> - 表が出た回数は $10 + 5000 = 5010$ 回になる。
>
> $$相対度数 = \frac{表が出た回数}{投げた回数} = \frac{5010}{10010} = 0.5004995\cdots$$

ユーリ「おーっ！《差》と《比》の違いで納得したかも！」

僕「いまは10010だったけど、もっと大きな数で考えてもいいよ」

ユーリ「んにゃ、もうわかった。偏ったとしても、それは大きな
　　　数で薄められちゃうんだね！」

僕「そういうこと！」

1.17　2回に1回起きるとは

ユーリ「2回に1回表が出る……って意外と難しーね」

僕「そうだね。表が出る確率が $\frac{1}{2}$ であるコインを2回投げたと
　　き、必ず1回表が出るというなら、それは間違いだね。でも
　　『2回に1回』という表現が『2回に1回出るという《割合》』
　　という意味なら、まあ、わからないでもない。つまり、『M
　　が大きいときの相対度数が $\frac{1}{2}$ に近い』という状況を表現して

　　いると言えなくもないから」

ユーリ「えー、それってカクダイカイシャクじゃない？」

僕「拡大解釈とはいえないと思うけどなあ」

ユーリ「きらりーん☆　ユーリ、すごい発見しちゃった！」

僕「どうした急に」

ユーリ「逆は成り立たないね！」

僕「逆？　逆って何の逆？」

ユーリ「フェアなコインを何回も投げると相対度数は $\frac{1}{2}$ に近づく
　　　　——の逆は成り立たないよね」

僕「相対度数が $\frac{1}{2}$ に近づくコインならばフェアなコインである
　　——は成り立たないってこと？」

ユーリ「そーゆーこと。相対度数が $\frac{1}{2}$ に近づくコインがあったと
　　　　しても、それはフェアなコインであるとは限らない！」

僕「おお？　どんなコインだろう」

ユーリ「こんな**ロボットコイン**を作るの」

僕「ロボットコインって何だ？」

ユーリ「自分が表になるか裏になるか自由に決められる機械仕掛
　　　　けのコイン！　もちろん、記憶装置も付いてるの」

僕「すごいこと言い出したな」

ユーリ「それでね、ロボットコインで表と裏が必ず代わりばんこ

に出ることにする。

   表→裏→表→裏→表→裏→表→……

そうしたら相対度数は $\frac{1}{2}$ に近づくよね！　でも、こんなロボットコインはフェアじゃない！」

僕「表裏表裏表裏……と出続けるコインか！」

"コインを 1000 回投げるとき、表が出るのは何回か。"

第1章の問題

●**問題 1-1**（コインを2回投げる）

フェアなコインを2回投げることにします。このとき、

⓪ 「表」が0回出る。
① 「表」が1回出る。
② 「表」が2回出る。

という3通りのいずれか1通りが起きます。
したがって⓪, ①, ② が起きる確率はいずれも $\frac{1}{3}$ です。

この説明の誤りを指摘し、正しい確率を求めてください。

（解答は p. 274）

●**問題 1-2**（サイコロを振る）

フェアなサイコロを 1 回振ることにします。このとき、次の
ⓐ～ⓔの確率をそれぞれ求めてください。

ⓐ ⚂が出る確率
ⓑ 偶数の目が出る確率
ⓒ 偶数または 3 の倍数の目が出る確率
ⓓ ⚅より大きい目が出る確率
ⓔ ⚅以下の目が出る確率

（解答は p. 276）

●**問題 1-3**（確率を比較する）

フェアなコインを 5 回投げることにします。確率 p と q をそ
れぞれ、

　　　　p＝結果が「表表表表表」になる確率

　　　　q＝結果が「裏表表表裏」になる確率

としたとき、p と q の大小を比較してください。

（解答は p. 277）

●**問題 1-4**（表が 2 回出る確率）

フェアなコインを 5 回投げたとき、表がちょうど 2 回出る確率を求めてください。

（解答は p. 279）

●**問題 1-5**（確率の値の範囲）

ある確率を p としたとき、

$$0 \leqq p \leqq 1$$

が成り立つことを確率の定義（p. 12）を使って証明してください。

（解答は p. 281）

第2章

全体のうち、どれくらい？

"全体が何かわからなかったら、半分が何かもわからない。"

2.1　トランプゲーム

僕とユーリは、確率についておしゃべりをしている。

僕「コイン投げばかりだとつまらないから、別の問題を考えてみようか」

ユーリ「いいね！　どんな問題？」

僕「トランプを使った問題だよ。ジョーカーを除いて数えると、1組のトランプには何枚のカードがあるか知ってる？」

ユーリ「52枚だっけ」

僕「そうだね。トランプには、

という4種類のスートがある。そして、それぞれのスートには、

A 2 3 4 5 6 7 8 9 10 J Q K

という 13 種類のランク^(rank)がある。だから——」

ユーリ「4 × 13 = 52 枚」

♠A	♠2	♠3	♠4	♠5	♠6	♠7	♠8	♠9	♠10	♠J	♠Q	♠K
♡A	♡2	♡3	♡4	♡5	♡6	♡7	♡8	♡9	♡10	♡J	♡Q	♡K
♣A	♣2	♣3	♣4	♣5	♣6	♣7	♣8	♣9	♣10	♣J	♣Q	♣K
◇A	◇2	◇3	◇4	◇5	◇6	◇7	◇8	◇9	◇10	◇J	◇Q	◇K

ジョーカーを除いた 52 枚のトランプ

僕「うん。52 枚はちょっと多すぎるから、このうち 12 枚の絵札
だけを使うことにしようか」

♠J	♠Q	♠K
♡J	♡Q	♡K
♣J	♣Q	♣K
◇J	◇Q	◇K

12 枚の絵札

ユーリ「これで何するの？」

僕「この 12 枚の絵札をよく切って 1 枚引く」

ユーリ「見ないで？」

僕「見ないで引く。スペードのジャック ♠J が出る確率は？」

2.2　スペードのジャックが出る確率

> **問題2-1**（♠J が出る確率）
> 12 枚の絵札をよく切って 1 枚を引いたとする。
> ♠J が出る確率は？

ユーリ「$\frac{1}{12}$」

僕「早いな！」

ユーリ「だって 12 枚から 1 枚を引くんでしょ？　だったら $\frac{1}{12}$」

僕「そうだね。どのカードが出るか全部で 12 通りの場合があって、どのカードも同じように出やすくて、♠J が出るのはそのうちの 1 通りなんだから、確率は $\frac{1}{12}$ になる。確率の定義通りだ」

$$
\text{♠J が出る確率} = \frac{\text{♠J が出る場合の数}}{\text{すべての場合の数}}
$$
$$
= \frac{1}{12}
$$

ユーリ「何も難しくない」

僕「この $\frac{1}{12}$ の分母と分子をトランプの図で表しても楽しいね。全部で 12 枚のうち、♠J は 1 枚」

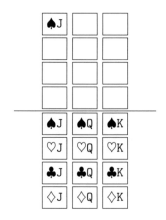

ユーリ「あー、なるほど」

僕「分数にしなくても、これだけでもいいな。全体がわかるから」

ユーリ「カンタン、カンタン」

解答 2-1（♠J が出る確率）

12枚の絵札をよく切って1枚を引いたとき、
♠J が出る確率は $\frac{1}{12}$ である。

2.3 スペードが出る確率

僕「じゃあ、12枚の絵札から1枚を引いたとき、J,Q,K のどれで
もいいから♠が出る確率は？」

問題 2-2（♠が出る確率）
12枚の絵札をよく切って1枚を引いたとする。
♠が出る確率は？

ユーリ「えっと、$\frac{1}{4}$ でしょ？」

僕「うん、そうだね。全部で12枚のうち3枚が♠だから、♠が
出る確率は $\frac{3}{12} = \frac{1}{4}$ になる」

$$♠ が出る確率 = \frac{♠ が出る場合の数}{すべての場合の数}$$
$$= \frac{3}{12}$$
$$= \frac{1}{4}$$

ユーリ「問題 2-1 と同じじゃん。$\frac{3}{12}$ って、こーゆーこと」

僕「その通り」

解答 2-2（♠ が出る確率）
12 枚の絵札をよく切って 1 枚を引いたとき、
♠ が出る確率は $\frac{1}{4}$ である。

ユーリ「確率は、場合の数を数えればオッケーなんだね」

僕「そうだね。ところで、別の考え方もある。場合の数を使って確率を求めるだけじゃなくて、確率を使って確率を求めることもできる」

ユーリ「確率を使って確率を求める？　意味わかんない」

2.4　ジャックが出る確率

僕「こんな問題を考えてみよう」

> **問題 2-3**（J が出る確率）
> 12 枚の絵札をよく切って 1 枚を引いたとする。
> J が出る確率は？

ユーリ「数えちゃだめなの？」

僕「いやいや、数えてもいいよ。数学の問題は、どんな方法で解いてもかまわないんだから」

ユーリ「J は 4 枚あるから、確率は $\frac{4}{12} = \frac{1}{3}$」

僕「そうだね、正解！」

> **解答 2-3**（J が出る確率）
> 12 枚の絵札をよく切って 1 枚を引いたとき、
> J が出る確率は $\frac{1}{3}$ である。

ユーリ「さっきから、どれも同じ問題じゃないでしょーか。

$$\frac{\text{注目している場合の数}}{\text{すべての場合の数}}$$

　　　が確率なんだから」

僕「その通り。確率の定義だね。何も不思議なところはない。ここで、ちょっとおもしろい計算をしてみよう」

ユーリ「なになに？」

僕「僕たちは三つの確率を求めたよね。12枚の絵札から1枚を引くときの確率だよ」

$$♠J が出る確率 = \frac{1}{12}$$

$$♠ が出る確率 = \frac{1}{4}$$

$$J が出る確率 = \frac{1}{3}$$

ユーリ「うん」

僕「これをよく見ると、**掛け算**になっていることがわかる」

$$♠J が出る確率 = ♠ が出る確率 × J が出る確率$$

$$\updownarrow \qquad\qquad \updownarrow \qquad\qquad \updownarrow$$

$$\frac{1}{12} \quad = \quad \frac{1}{4} \quad × \quad \frac{1}{3}$$

ユーリ「へー、すごい偶然！」

僕「……」

ユーリ「……偶然じゃないの？」

僕「偶然じゃないんだよ。少し考えてみればわかる」

ユーリ「わかんない」

僕「いやいや、考えようよ」

ユーリ「考えるっていっても……」

僕「たとえば、♠ が出る確率が $\frac{1}{4}$ なのはどうして？」

ユーリ「12 枚のうち 3 枚だから、$\frac{3}{12} = \frac{1}{4}$」

僕「♠♡♣◇ の 4 種類のうち ♠ の 1 種類だから $\frac{1}{4}$ ともいえるね」

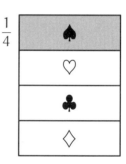

♠ が出る確率は $\frac{3}{12} = \frac{1}{4}$

ユーリ「そーだね。♠♡♣◇ はどれも同じくらい出やすいから」

僕「J が出る確率も同じように考えられる。JQK の 3 種類のうち J という 1 種類だから、$\frac{1}{3}$ といえるんだ」

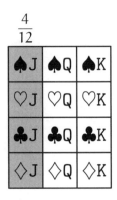 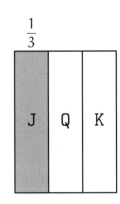

J が出る確率は $\frac{4}{12} = \frac{1}{3}$

ユーリ「……」

僕「だから、こんな図で考えれば、確率の掛け算で確率が計算できるのは偶然じゃないとわかる」

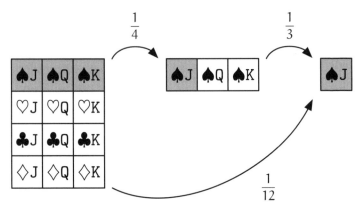

♠J が出る確率 $\frac{1}{12}$ **は** $\frac{1}{4} \times \frac{1}{3}$ **に等しい**

ユーリ「全体を $\frac{1}{4}$ にして、さらに $\frac{1}{3}$ にしたら、$\frac{1}{12}$ になるから？」

僕「そうそう、そうだよ」

ユーリ「分数の掛け算だ！」

僕「そうだね。全体の $\frac{1}{4}$ が♠で、さらにその $\frac{1}{3}$ がJだから、♠J が出る確率は $\frac{1}{12}$ になる——ということ」

ユーリ「お兄ちゃんの言ってる意味、わかってきたかも」

2.5 長さと面積

僕「そしてさらに、♠ が出る確率をタテの長さ、Jが出る確率を ヨコの長さとすると、♠J が出る確率は**面積**として考えるこ ともできる」

ユーリ「確率が長さ？ 面積？」

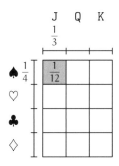

♠ の確率 $\frac{1}{4}$ × J の確率 $\frac{1}{3}$ = ♠J の確率 $\frac{1}{12}$

僕「♠ が出る確率は、タテの長さ全体を 1 として $\frac{1}{4}$ だと考える。

　　J が出る確率は、ヨコの長さ全体を 1 として $\frac{1}{3}$ だと考える。

　　♠J が出る確率は、長方形の面積全体を 1 として——」

ユーリ「タテが $\frac{1}{4}$ で、ヨコが $\frac{1}{3}$ だから、面積は $\frac{1}{12}$」

僕「そしてその面積 $\frac{1}{12}$ は、♠J が出る確率に対応している」

ユーリ「おもしろーい!」

僕「確率は、**全体のうち、どれくらい?**を考えているわけだから」

ユーリ「ふむふむ!」

僕「もともと、場合の数も掛け算で計算してるよね」

ユーリ「え?」

僕「場合の数を掛け算で求めてから確率を計算する と、こうなる」

　⑦　全体となる 12 枚の絵札は、

　　　♠♡♣◇ の 4 種類と、JQK の 3 種類を掛けたもの。

　④　♠J という 1 枚のカードは、

　　　♠ の 1 種類と、J の 1 種類を掛けたもの。

　⑨　♠J が出る確率は、

$$\frac{④}{⑦} = \frac{1 \times 1}{4 \times 3} = \frac{1}{12}$$

　　になる。

ユーリ「そーだけど……」

僕「確率を求めてから確率を掛け算する と、こうなる」

　⑤　♠ が出る確率は、♠♡♣◇ 分の ♠ だから $\frac{1}{4}$ になる。

　⑥　J が出る確率は、JQK 分の J だから $\frac{1}{3}$ になる。

　⑤　♠J が出る確率は、

$$\text{⑤} \times \text{⑥} = \frac{1}{4} \times \frac{1}{3} = \frac{1}{12}$$

　になる。

ユーリ「んっ、んっ……こーゆーこと？」

$$\underbrace{\frac{\overbrace{1 \times 1}^{\text{♠J の枚数}}}{\underbrace{4 \times 3}_{\text{すべての枚数}}}} = \underbrace{\frac{1}{4}}_{\text{♠ の確率}} \times \underbrace{\frac{1}{3}}_{\text{J の確率}}$$

僕「そういうこと」

ユーリ「納得！ てゆーか、当たり前の話じゃん」

僕「そこでだよ。ここから、おもしろい問題になってくる」

ユーリ「おおっ？」

2.6　ヒントがあるときの確率

> **問題 2-4**（ヒントがあるときの確率）
> アリスが、12 枚の絵札から 1 枚を引いて「黒のカードが出た」と言いました。そのとき、カードが実際に ♠J である確率は？

ユーリ「アリスって誰？」

僕「誰でもいいけど、カードを引いた人。アリスはカードを引いて、それを見て、黒のカードが出たという**ヒント**を出してくれた。そのカードが何なのか、ユーリはまだ知らない。では、そのカードが ♠J である確率は？」

ユーリ「$\frac{1}{12}$ でしょ？」

僕「即答したなあ」

ユーリ「♠J が出る確率は、問題 2-1 で計算したじゃん。12 枚のうち 1 枚だから、確率は $\frac{1}{12}$」

僕「アリスから出ていたヒントは？」

ユーリ「そんなの関係ないもん。だって、もうカードは引いちゃったわけじゃん？　ヒントを聞いても確率は変わらない」

僕「ところがそうじゃない。確率は変わるんだよ」

ユーリ「は？」

僕「確率の定義に当てはめればわかる。この問題2-4での《すべ
ての場合》と《注目している場合》を考えよう。すべての場
合は6通りで、注目している場合は1通りなんだ。トランプ
の分数で表すとはっきりする」

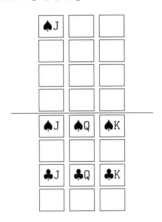

ユーリ「どゆこと？」

僕「アリスが引いたカードが何なのかは、まだわからない。でも
黒であることは、ヒントでわかっている。黒のカードという
のは、♠か♣だ。だから、すべての場合の数は12じゃなく
て、6になる」

ユーリ「あっ、そーゆーふーに考えるの？」

僕「うん、そうだよ」

ユーリ「《すべての場合》が変わっちゃうんだ」

僕「だって、起こる可能性がある《すべての場合》を考えるとき、

　　たとえば ♡Q はそこに入っていないよね」

ユーリ「黒だとわかっているから、♡ が出てくるはずがない」

僕「そうなんだよ。黒というヒントで、すでに引いたカードが変わるわけじゃない。でも、確率は変わる。なぜかというと、この問題の場合、黒というヒントで《すべての場合の数》が変わるからなんだ」

ユーリ「なーるほど……アリスがカードを引く前だったら、♠J が出る確率は $\frac{1}{12}$ だよね？」

僕「もちろんそうだね。そのときは、12枚の絵札のうちどれも出る可能性があるから。でも、アリスがカードを引いた後、黒というヒントを聞いた人にとっては、♠J である確率は $\frac{1}{6}$ になる」

ユーリ「引いたカードを見ちゃったアリスにとっては？」

僕「アリスがカードを引いてそれを見たとする。そのカードが♠J だったら、アリスにとって ♠J である確率は 1 だよ。そして、♠J じゃなかったら、アリスにとって ♠J である確率は 0 だね」

ユーリ「そかそか、それでいーんだ」

僕「アリスがカードを引いた後、そのカード自体は変化しない。でも、起こる可能性は変化する。《すべての場合》は変わるんだ。《全体は何か》に注意しないと、間違えてしまう。確率は《全体のうち、どれくらい？》を考えているわけだからね」

ユーリ「ふむふむ！」

解答 2-4（ヒントがあるときの確率）

アリスが、12 枚の絵札から 1 枚を引いて「黒のカードが出た」と言いました。そのとき、カードが実際に ♠J である確率は $\frac{1}{6}$ です。

2.7 掛け算はどうなった？

僕「ユーリが言ったように、場合の数さえわかれば確率はわかる。でも、そのときに大事なのは《すべての場合の数》と《注目している場合の数》の両方を考えること」

ユーリ「確率って、

$$\frac{注目している場合の数}{すべての場合の数}$$

でしょ？ だから、当たり前」

僕「そうだね。定義通りという意味では当たり前。でも、意識しないと定義通りには考えられない」

ユーリ「確かに……」

僕「ああそうだ。ヒントがあるときでも、掛け算で計算できるのは同じだね。問題 2-4 は、こんなふうに計算できる」

$$\spadesuit J \text{ が出る確率 } = \text{黒が出る確率} \times \text{黒から} \spadesuit J \text{ が出る確率}$$

$$\updownarrow \qquad\qquad \updownarrow \qquad\qquad \updownarrow$$

$$\frac{1}{12} \quad = \quad \frac{1}{2} \quad \times \quad \frac{1}{6}$$

ユーリ「ふむふむ」

僕「二段階で考えたともいえるよ」

ユーリ「二段階……あっ、

　　　　絵札全体から $\spadesuit J$ が出る

　のは、

　　　　絵札全体から黒が出て、
　　　　さらにその黒の中から $\spadesuit J$ が出る

　ってことだから？ にゃるほど！」

　ユーリは目を輝かせたが、すぐに怪訝な顔になった。

僕「どうした？」

ユーリ「んー……ねえお兄ちゃん。お兄ちゃんの話はわかった
　けど、なんで掛け算を考えなくちゃいけないの？ 全部数え
　れば $\spadesuit J$ が出る確率はわかる。だったらそれでいーじゃん！
　全部で 12 通りで、そのうち 1 通り。数えればいーのに、掛
　け算で確率を求めたがるのは、なんで？」

僕「それは、掛け算で求めた方が自然なときがあるからだよ」

ユーリ「へえ……」

2.8 黒と赤のビー玉が出る確率

僕「こんな問題を考えてみよう」

問題 2-5（黒と赤のビー玉が出る確率）

A と B の二つの箱があり、中にはたくさんのビー玉が入っています。ビー玉はすべて同じ重さで、黒、白、赤、青の四色があります。

- 箱 A には、
  - 黒のビー玉が 1 kg
  - 白のビー玉が 3 kg

  という合計 4 kg のビー玉が入っています。
- 箱 B には、
  - 赤のビー玉が 1 kg
  - 青のビー玉が 2 kg

  という合計 3 kg のビー玉が入っています。

それぞれの箱をよくかき混ぜてから、箱 A と箱 B からビー玉を 1 個ずつ取り出します。このとき、黒と赤のビー玉が出る確率は？

ユーリ「わかっているのは重さだけってこと？」

僕「そういうこと。表にまとめてみると、こうなる。

	黒	白	赤	青	合計
箱A	1 kg	3 kg	0 kg	0 kg	4 kg
箱B	0 kg	0 kg	1 kg	2 kg	3 kg

　　重さはわかっている。でも、何個入っているかは分からない。
　　さあ、確率は？」

ユーリ「箱Aだと、黒が出る確率は $\frac{1}{4}$ でしょ？」

僕「そうそう。どうしてそう思う？」

ユーリ「だって、全体が4kgで、黒は1kgなんだから——数は
　　わかんないけど、割合は $\frac{1}{4}$ だもん」

僕「そうだね。もしも箱Aに黒が m 個だけ入っていたら、箱A
　　全体では 4m 個のビー玉があるはず。その中から1個を取り
　　出すとき、黒になる確率は、

$$\frac{m}{4m} = \frac{1}{4}$$

　　になる。確率は場合の数の割合で定義しているけれど、問
　　題2-5では、確率を重さの割合で決めることができる」

ユーリ「だよね」

僕「同じように、箱Bに赤が m′ 個だけ入っていたら、箱B全体
　　では 3m′ 個のビー玉があるはず。その中から1個を取り出
　　すとき、赤になる確率は、

$$\frac{m'}{3m'} = \frac{1}{3}$$

　　になる。箱Aから黒が出て、箱Bから赤が出る確率をそれ

ぞれ計算しておけば、掛け算で黒と赤が出る確率がわかる」

ユーリ「ほーほーほー」

僕「♠J の確率を掛け算で求めたときと同じように、こんな図を描けば、はっきりわかるよ」

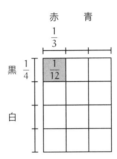

黒の確率 $\frac{1}{4}$ × 赤の確率 $\frac{1}{3}$ = 黒と赤の確率 $\frac{1}{12}$

ユーリ「……」

僕「確率を長さの割合で表している。

- 黒の長さはタテの長さの $\frac{1}{4}$ で、
  これは箱 A から黒が出る確率。
- 赤の長さはヨコの長さの $\frac{1}{3}$ で、
  これは箱 B から赤が出る確率。

そして、黒と赤が出る確率 $\frac{1}{12}$ は、面積の割合で表されている。黒と赤が作る面積は全体の面積の $\frac{1}{12}$ になる」

解答 2-5 （黒と赤のビー玉が出る確率）
箱 A から黒のビー玉が出る確率は $\frac{1}{4}$ で、箱 B から赤のビー玉が出る確率は $\frac{1}{3}$ ですから、黒と赤のビー玉が出る確率は、

$$\frac{1}{4} \times \frac{1}{3} = \frac{1}{12}$$

です。

ユーリ「《黒と赤が出る》のは《♠J が出る》のと同じ話なんだね！」

僕「そういうこと、そういうこと。確率の目で見ると、両方とも同じことになる」

ユーリ「確率の掛け算、わかった！　確率が二つ出てきたら掛ければいーんだね！」

僕「いやいや、そう単純に考えるのは良くないよ。《黒と赤が出る》や《♠J が出る》の計算では、いつも割合を考えていた。《全体のうちどのくらい？》を考えているのが確率だからね」

ユーリ「割合の計算だから掛け算でいいじゃん」

僕「確率が二つ出てきても、その値が何を表しているかをよく考えないと、単純に掛ければいいとはならないんだよ」

ユーリ「いざとなったら、場合の数を考えればいーのでは？」

僕「場合の数が具体的にわからない場合でも確率として表現することがあるからね。過去の統計や経験から、あることがおよそ何パーセント起きると予想が付く場合がある。その値を統

計的確率や、経験的確率と呼んだりする」

ユーリ「よくわかんない」

僕「たとえば、よく例に出てくるものに機械の故障の問題がある」

2.9　機械の故障

問題 2-6（機械の故障）
ある機械には、壊れやすい二つの部品 A と B が使われており、それぞれの故障する確率がわかっているとします。

- 一年で故障 A が起きる確率は 20％
- 一年で故障 B が起きる確率は 10％

このとき、「一年で故障 A と B の両方が起きる確率は 2％」であるといえますか。

ユーリ「いえる——けど、いえない！」

僕「どっちだよ」

ユーリ「20％の 10％は 2％だけど、お兄ちゃんはさっき、掛け算じゃないって言ったから……」

僕「探りを入れるなあ。ユーリは 20％と 10％を掛けたんだね」

ユーリ「うん。20％のさらに 10％だったら、2％だよね？　掛け

算、間違ってないよね？」

$$20\% \times 10\% = 2\%$$

$$\updownarrow \qquad \updownarrow \qquad \updownarrow$$

$$0.2 \times 0.1 = 0.02$$

僕「うん、計算は間違っていないよ」

ユーリ「そんで結局 2％が答え？　違うの？」

僕「2％であるとはいえない」

解答 2-6（機械の故障）
一年で故障 A と B の両方が起きる確率は 2％であるとはいえません。

ユーリ「2％じゃないなら何％？」

僕「2％じゃないともいえない」

ユーリ「どっちだよー！」

僕「この問題 2-6 に書かれていることだけでは、確率が 2％であるとはいえない。2％ではないともいえない。何％であるかはわからないんだ」

ユーリ「何それひどい！　黒と赤のビー玉のときは掛け算だったじゃん。今度は掛け算じゃダメなの？」

僕「ビー玉を取り出すのと、機械の故障では状況が違うんだよ」

ユーリ「どゆこと？」

僕「ビー玉を取り出す問題では――

- 箱 A から黒のビー玉が出るかどうか
- 箱 B から赤のビー玉が出るかどうか

――この二つは独立だよね」

ユーリ「どくりつ？」

僕「箱 A から黒が出たからといって、箱 B から赤が出る確率は変わらないということ」

ユーリ「ん？」

僕「箱 A と箱 B は別の箱なんだから、箱 A から黒が出ても出なくても、箱 B から赤が出る確率は変わらず $\frac{1}{3}$ だ」

ユーリ「そりゃそーだけど？」

僕「でもね、機械の故障ではどうだろう。故障 A が起きるときには、故障 B も起きやすくなっているかもしれないよね」

ユーリ「部品 A のネジがゆるんでたら、部品 B のネジもゆるんでるかも――みたいな話？」

僕「その通り！　たとえば、そういう話」

ユーリ「えー……でもそれって引っ掛け問題っぽい！　故障 A と B がどーゆーものか知らなかったら、計算できないじゃん！」

僕「ユーリの言う通り。もしも、故障 A と B が互いに独立に起き

るという条件を付ければ、両方の故障が起きる確率は2％だといえる。でも、そういう条件がなければ、何ともいえない」

ユーリ「バシッと答えが出ないとつまんない」

僕「でもね、ここでおもしろいことに気付く」

ユーリ「へ？」

僕「故障AとBの発生が互いに独立なら、両方の故障が起きる確率は2％になるはずだ」

ユーリ「両方の確率を掛けた確率」

僕「そうだね。そこでもしも——もしもだよ。故障AとBの両方が起きる確率を調べてみたら、2％より大きかったとする」

ユーリ「2％じゃなくて50％とか？」

僕「それは無理だよ。だって故障Aが起きる確率は20％で、故障Bが起きる確率は10％なんだから、両方が起きる確率はどちらよりも小さくなるはず」

ユーリ「そっか。じゃ、4％なら？」

僕「うん、たとえば4％としようか。すると、

故障Aの確率 × 故障Bの確率 ＜ 故障AとBの両方が起きる確率

$$\updownarrow \qquad\qquad \updownarrow \qquad\qquad\qquad \updownarrow$$

20％ × 10％ ＜ 4％

のようになる。ここから、二つの故障は関係があるかもしれないといえる」

ユーリ「は？ それ、ダウト！ 確率を掛けて比べるだけで、故障 A のせいで故障 B が起きたなんてわかんの？」

僕「いやいや、そんなことはわからない。関係があるかもしれないっていうのは、故障 A が起きるときには、故障 B も起きる可能性が高い——という意味で言ったんだ。なぜそうなるかという理由はわからないし、因果関係があるかどうかもわからない」

ユーリ「いんがかんけい？」

2.10 因果関係は教えてくれない

僕「因果関係というのは、原因と結果の関係のこと。A が起きたのが原因となって、その結果 B が起きた——という関係だね。いま話しているのは、因果関係じゃない」

ユーリ「あ、そーなんだ。でも、故障 A と B の両方が起きやすいんだったら、故障 A のせいで故障 B が起きたのかもしれないじゃん」

僕「そうかもしれないけれど、逆かもしれない。故障 B のせいで故障 A が起きたのかもしれない。両方が起きやすいというだけでは、どちらが原因かはわからない」

ユーリ「あっ、確かに」

僕「それから、まったく別の原因 C があって、そのせいで故障 A と B 両方が起きるのかもね。がたがた揺れたのが原因 C で、故障 A と B の両方が起きてしまった——みたいにね」

ユーリ「そかそか、因果関係がわからないの、ナットク」

2.11　故障の計算

僕「いまは、故障 A と B の両方が起きる確率が 4％だったらって話をしてるけど、そのとき、故障 A と B の両方とも起きない確率は計算できる？」

ユーリ「両方起きるのが 4％だから、両方起きないのは 96％じゃん——あっ、違う、いまのなし！　片方だけ起きる場合があるかー！」

僕「こういう問題だね」

問題 2-7（故障の確率）
ある機械には、壊れやすい二つの部品 A と B が使われており、故障する確率が次のようにわかっているとします。

- 一年で故障 A が起きる確率は 20％
- 一年で故障 B が起きる確率は 10％
- 一年で故障 A と B の両方が起きる確率は 4％

このとき、一年で故障 A と B の両方とも起きない確率は？

ユーリ「これだけで——両方が起きない確率、計算できる？」

僕「できるよ。確率は《全体のうち、どれくらい？》を考えるん

だから、《全体は何か》を整理すればわかる。そのために、故障 A と B について《表を書いて考える》ことにしよう」

	B	$\overline{\text{B}}$	合計
A			
$\overline{\text{A}}$			
合計			100 %

ユーリ「A の上に線が付いてる $\overline{\text{A}}$ は？」

僕「A は故障 A が起きることを表していて、$\overline{\text{A}}$ は故障 A が起きないことを表す。そういう約束にする。故障 A と故障 B についてわかっていることを、この表を使ってまとめようか」

ユーリ「わかってるのは、20 ％と 10 ％と 4 ％」

僕「うん、そうだね。与えられているのは、

- 故障 A が起きる確率は 20 ％
- 故障 B が起きる確率は 10 ％
- 故障 A と故障 B の両方が起きる確率は 4 ％

だから、それぞれを表に当てはめていこう。まず故障 A が起きる確率 20 ％は――」

ユーリ「ここ？」

	B	$\overline{B}$	合計
A			20 %
$\overline{A}$			
合計			100 %

故障 A が起きる確率は 20 %

僕「いいね！　じゃあ、故障 B が起きる確率についてもわかるかな」

ユーリ「ここんとこ。10 %」

	B	$\overline{B}$	合計
A			20 %
$\overline{A}$			
合計	10 %		100 %

故障 B が起きる確率は 10 %

僕「じゃ、故障 A と B の両方が起きる確率4％はどこかな？」

ユーリ「左上の角……」

	B	$\overline{B}$	合計
A	4 %		20 %
$\overline{A}$			
合計	10 %		100 %

故障 A と B の両方が起きる確率は 4 %

僕「その通り。さあこれで、与えられているもので表を埋めた」

ユーリ「残りも埋められるよ！　だって、引き算すればいいもん。
　　　故障 A が起きない確率は $100 - 20 = 80$ ％でしょ？」

	B	$\bar{B}$	合計
A	4 ％		20 ％
$\bar{A}$			<u>80 ％</u>
合計	10 ％		100 ％

故障 A が起きない確率は 80 ％

僕「故障 B が起きない確率は――」

ユーリ「もーわかったから。$100 - 10 = 90$ ％になる」

	B	$\bar{B}$	合計
A	4 ％		20 ％
$\bar{A}$			80 ％
合計	10 ％	<u>90 ％</u>	100 ％

故障 B が起きない確率は 90 ％

僕「残りも大丈夫だね」

ユーリ「うん！　タテとヨコの引き算で全部できる！」

	B	$\bar{B}$	合計
A	4 ％	<u>16 ％</u>	20 ％
$\bar{A}$	<u>6 ％</u>	<u>74 ％</u>	80 ％
合計	10 ％	90 ％	100 ％

表をすべて埋めた

僕「いいね！」

ユーリ「だから、故障 A と B が両方とも起きない確率は 74％だ！」

解答 2-7（故障の確率）

与えられた確率をもとに作った以下の表より、一年で故障 A と B の両方とも起きない確率は 74％である。

	B	$\overline{B}$	合計
A	4％	16％	20％
$\overline{A}$	6％	74％	80％
合計	10％	90％	100％

僕「できたね」

ユーリ「ユーリ、わかったよ！」

僕「うん？」

ユーリ「あのね、確率で《表を書いて考える》理由がわかったの。ズバリ、表を書くと《全体は何か》がわかりやすいからだ！」

僕「その通りだね」

ユーリ「100％理解したぞー！」

僕「ねえ、ユーリ……その 100％は、何を全体としたとき？」

"全体を何にするか決まらないなら、半分が何になるかも決まらない。"

第2章の問題

●問題 2-1 （12枚のトランプ）

12枚の絵札をよく切って1枚を引きます。このとき、①〜⑤
の確率をそれぞれ求めてください。

12枚の絵札

① ♡Q が出る確率

② J または Q が出る確率

③ ♠ が出ない確率

④ ♠ または K が出る確率

⑤ ♡ 以外の Q が出る確率

（解答は p. 283）

●**問題 2-2** （2 枚のコインで 1 枚目が表）

2 枚のフェアなコインを順番に投げたところ、1 枚目に表が出ました。このとき、2 枚とも表である確率を求めてください。

（解答は p. 286）

●**問題 2-3** （2 枚のコインで少なくとも 1 枚が表）

2 枚のフェアなコインを順番に投げたところ、少なくとも 1 枚は表でした。このとき、2 枚とも表である確率を求めてください。

（解答は p. 287）

●**問題 2-4**（トランプを2枚引く）

12枚の絵札から2枚のカードを引いたとき、2枚ともQにな
る確率を求めてください。

① 12枚の中から1枚目を引き、続いて残りの11枚の中か
ら2枚目を引く場合
② 12枚の中から1枚目を引き、そのカードをいったん戻し
て再び12枚の中から2枚目を引く場合

（解答は p. 288）

第3章

条件付き確率

"何が全体かを決めなかったら、何が半分かも決まらない。"

3.1 確率が苦手

僕「……確率についてそんなことを話していたんだ」

テトラ「確率では《何が全体か》を考える――あたし、そんなふうに意識したことありませんでした」

テトラちゃんは真面目な顔で言った。
ここは高校の図書室。
僕は後輩のテトラちゃんとおしゃべりをしている。
話題は、ユーリに話した確率のことだ。

僕「確率は《全体のうち、どれくらい？》を尋ねてるからね」

テトラ「はい……あたし、確率ってどうも苦手です」

僕「それは、計算がややこしいから？」

テトラ「そうですね……計算はそこそこできます。でも、ユーリちゃんのように『100％理解した』なんて、ジョークでも言えません」

僕「まあ、確率は慣れないと難しいよね」

テトラ「コインを投げたときに表が出る確率が $\frac{1}{2}$ であるというのはわかります。それから、サイコロを振ったときに ⚂ が出る確率が $\frac{1}{6}$ であるというのもわかります。問題が解けないとき、解説を読んでなるほどと思います」

僕「うん、でも？」

テトラ「はい、でも、少し経つとその《なるほどさん》は、どこかにフラフラといなくなってしまいます……あたしを残して」

僕「なるほどさん……《なるほど》を擬人化するのはテトラちゃんくらいだと思うよ」

　僕たちはひとしきり笑う。
　そして——テトラちゃんはまた真面目な顔になった。

テトラ「でも、確率でいろいろ引っかかるのは本当です」

僕「たとえば、どういうとき？」

　テトラちゃんは、手にしたノートを開いたり閉じたりしながらしばらく考える。

テトラ「たとえば……そうですね。とっても基本的なことでもいいでしょうか」

僕「もちろん、いいよ」

テトラ「確率についての説明でよく《同様に確からしい》と書かれていますよね。あの**《確からしい》**という言葉にいつも引っかかります」

3.2 同様に確からしい

僕「ああ、なるほど。その気持ちはわかるかも」

テトラ「本を読んだときに《確からしい》という言葉が出てくると、あたしは石につまずいたみたいな気持ちになるんです。おっとっと！ ……って」

テトラちゃんは両手を広げて転びかけるジェスチャをする。

僕「僕は、ユーリに確率の説明をするとき《確からしい》という言葉は使わなかったな。そういえば」

テトラ「はい。先ほどの先輩の話では**《起きやすい》**とおっしゃってましたね。《確からしい》よりは《起きやすい》の方がしっくりきます。起きやすい、起こりやすい、出やすい……そういう表現なら、あまり引っかかりません」

僕「《確からしい》という言い方は、《確率》という用語との兼ね合いで使われているんじゃないかなあ。《確からしい率》というニュアンスで」

テトラ「そうかもしれませんね……でも、《同様に確からしい》と言われると落ち着かなくなります」

僕「僕は《同じくらい起きやすい》という言い方でユーリに説明したよ。同じことだけどね」

テトラ「……」

僕「テトラちゃん？」

　テトラちゃんはバタバタしているけれど、考えるときはいつも
真剣だ。そしてなかなか気がつかない《根源的な問い》を繰り出
してくることが多い。

3.3　確率と場合の数

テトラ「あ、す、すみません。《場合の数》と似ているなあ……と
　　　思っていたんです」

僕「何が？」

テトラ「先ほど言った《なるほどさん》がどこかに行ってしまう
　　　話です。確率を難しく感じるのと、場合の数を難しく感じる
　　　のは似ている感覚があります。計算自体はややこしいです
　　　けれど難しくはありません。でも、問題の答えが出ても、何
　　　となく《わかった感じ》がしないんです。説明を読んで《な
　　　るほど》と思いますが、それでもすぐにわからなくなってし
　　　まう……」

僕「うんうん」

テトラ「あれえ……さっきお友達になったはずの《なるほどさん》
　　　はどこに行っちゃったの？と困ってしまうんです」

僕「確率と場合の数とは似ているよね。確率は場合の数に帰着さ
　　　れることが多いから」

テトラ「帰着——といいますと？」

僕「すべての場合が同じくらい起きやすいとするなら、確率は、

$$\frac{\text{いま注目している場合の数}}{\text{すべての場合の数}}$$

として定義される。だから、

　　　確率を求めること

というのは、

　　　場合の数を求めること

に帰着されるんだ」

テトラ「なるほど……それからですね、確率ではふだんあまり使わない言葉が出てくるのも《わかった感じ》がしない理由かもしれません。意味がはっきりしないというか」

僕「使わない言葉って、試行や事象や確率分布のこと？」

テトラ「そうです、そうです。特に苦手なのは**条件付き確率**ですね……」

僕「なるほど。じゃ、基本的なところからおさらいしようか」

テトラ「はい、ぜひっ！ あ、できれば具体的に……」

3.4 試行と事象

僕「**サイコロを1回振る**という例を使って、確率で出てくる言葉を整理していこう」

テトラ「わかりました」

僕「まず、サイコロを振ることは偶然に支配されているよね。偶然に支配されているというと大げさだけど、実際にやってみるまでは結果がどうなるかわからないし、結果は毎回変わるかもしれないという意味」

テトラ「そうですね。同じ結果になるときもあります」

僕「うん。だから、何回も繰り返せることが前提といえる。僕たちが確率を考えるときの状況は、偶然に支配されていて、何回も繰り返せることが前提になっている。実際には1回しか行わないとしても」

テトラ「わかります」

僕「サイコロを1回振ることのように、偶然に支配されていて、何回も繰り返せる行為のことを**試行**という」

テトラ「はい。英語だと trial です」

僕「おお、さすがテトラちゃん。英語で何というか覚えてるんだ。すごいね」

テトラ「いえいえ……確率を学んだとき、難しそうな言葉が出てきたら、英語では何と呼ぶのかなって調べたんです」

僕「うん、試行はトライアル。そして、試行を行ったときに起きることを**事象**という」

テトラ「事象は、英語だとeventです。英語にするとずいぶん易しくなりますね」

僕「そうだね。トライアルもイベントも難しく感じない」

テトラ「確率はprobabilityと、ずいぶん長くなってしまいますが、probable——起きそうな——という単語の名詞形だと考えると、納得できます」

僕「なるほどね。さて、いま、

《サイコロを 1 回振る試行》

を行ったら、その結果は必ず、

$$\overset{1}{\boxdot}, \quad \overset{2}{\boxdot}, \quad \overset{3}{\boxdot}, \quad \overset{4}{\boxdot}, \quad \overset{5}{\boxdot}, \quad \overset{6}{\boxdot}$$

という 6 個のどれかになる」

テトラ「はい、そうですね」

僕「だから、この 6 個の要素を組み合わせれば《サイコロを 1 回振る試行》で起きるどんな事象も表せることになる」

テトラ「ええと、具体的には……?」

僕「たとえば《$\overset{3}{\boxdot}$ が出る事象》は $\{\overset{3}{\boxdot}\}$ と表せる」

$$《\overset{3}{\boxdot} \text{ が出る事象}》= \{\overset{3}{\boxdot}\}$$

テトラ「はい」

僕「それから《偶数の目が出る事象》は $\{\overset{2}{\boxdot}, \overset{4}{\boxdot}, \overset{6}{\boxdot}\}$ と表せる。

$$《\text{偶数の目が出る事象}》= \{\overset{2}{\boxdot}, \overset{4}{\boxdot}, \overset{6}{\boxdot}\}$$

サイコロを 1 回振って、$\overset{2}{\boxdot}$ または $\overset{4}{\boxdot}$ または $\overset{6}{\boxdot}$ が出たとすれば、《偶数の目が出る事象》が起きたといえるわけだ」

テトラ「ああ、なるほど。そういうのも事象なんですね……だと

したら、《奇数の目が出る事象》は $\{\boxed{1},\boxed{3},\boxed{5}\}$ ですね」

$$《奇数の目が出る事象》= \{\boxed{1},\boxed{3},\boxed{5}\}$$

僕「うん、他にも《3 の倍数の目が出る事象》や《4 以上の目が出る事象》や《3 より小さい目が出る事象》……」

$$《3 の倍数の目が出る事象》= \{\boxed{3},\boxed{6}\}$$
$$《4 以上の目が出る事象》= \{\boxed{4},\boxed{5},\boxed{6}\}$$
$$《3 より小さい目が出る事象》= \{\boxed{1},\boxed{2}\}$$
$$\vdots$$

テトラ「わかりました。たくさんありますね」

僕「うん、たくさんあるけど、$\boxed{1}$ から $\boxed{6}$ までの6個の要素を組み合わせれば《サイコロを1回振る試行》で起きるどんな事象も表せる」

テトラ「それはそうですね。サイコロを振ったときには $\boxed{1}$ から $\boxed{6}$ までのどれかしか出ませんから」

僕「そうだね。$\{\boxed{1},\boxed{2},\boxed{3},\boxed{4},\boxed{5},\boxed{6}\}$ のように、すべての要素を集めた事象のことを**全事象**というよ。全事象は、必ず起きる事象ともいえる」

$$《全事象》= \{\boxed{1},\boxed{2},\boxed{3},\boxed{4},\boxed{5},\boxed{6}\}$$

テトラ「なるほどです」

僕「それから、$\{\boxed{3}\}$ や $\{\boxed{5}\}$ のように、ひとつの要素からなっていて、それ以上細かく分けられない事象のことを**根元事象**や基本事象という。《サイコロを1回振る試行》の根元事象は、

次の6個になる」

$$\{ \overset{1}{\boxdot} \}, \ \{ \overset{2}{\boxdot} \}, \ \{ \overset{3}{\boxdot} \}, \ \{ \overset{4}{\boxdot} \}, \ \{ \overset{5}{\boxdot} \}, \ \{ \overset{6}{\boxdot} \}$$

《サイコロを1回振る試行》の根元事象6個

テトラ「なるほど、わかりました。ところで先輩。事象を表すのに、起きることを並べて波カッコでくくっていますよね。これは集合……ですよね?」

僕「うん。《サイコロを1回振る試行》で起きる事象は、$\overset{1}{\boxdot}$ から $\overset{6}{\boxdot}$ までの**要素**のいくつかを持つ**集合**として表しているよ。具体的な要素を並べて集合を表すときは、波カッコでくくる約束になっているからね」

テトラ「ちょっとお待ちください。ただいまテトラは混乱しつつあります。たとえば、

$$\{ \overset{3}{\boxdot} \}$$

は集合ですか、事象ですか?」

僕「どちらともいえるよ。《$\overset{3}{\boxdot}$ という1個の要素を集めた集合》といっても正しいし、《$\overset{3}{\boxdot}$ が出る事象》といっても正しい」

テトラ「どちらも正しい! どちらも正しいなんてことがあるんですか!?」

僕「あるよ。たとえば、テトラちゃんがテストで100点を取ったとする。そのときの100は整数であるともいえるし、テストの点数であるともいえるよね。100は、整数といっても点数といっても正しい。それと似たような話だよ。うん、100点

は、100 という整数を使って点数を表している——と表現した方がしっくりくるかな」

テトラ「なるほど！ $\{\text{ⓒ}\}$ は集合といっても正しいし、事象といっても正しい！」

僕「集合は数学でとても基本的な概念だから、いろんなものを表すのに使える。確率では、集合を使って事象を表しているんだね。ほら、要素をまとめて扱うことができるし」

テトラ「ああ、よく理解しました。あっと、それから、$\{\text{ⓒ}\}$ のように要素が 1 個だけでも集合ですか。集合——というとたくさん集まっているイメージがあるので……」

僕「そうだよ。要素が 1 個でも集合だし、要素が 0 個でも集合。要素が 0 個の集合は**空集合**といって、

$$\{\}$$

と書く。空集合は、

$$\varnothing$$

と書くこともある。$\{\}$ という書き方は要素がないことがよくわかるけど、$\varnothing$ という書き方もよく出てくる。そして、空集合を事象だと考えるとき、絶対に起きない事象つまり**空事象**を表すことになるね」

テトラ「あっ、ちょっとお待ちください。そろそろあたしの頭があふれそうになっています。少し整理させてください」

- 偶然に支配されていて、何回も繰り返せる行為のことを、試行といいます。
- 試行の結果起きることを、事象といいます。
- それ以上分けられない事象を、根元事象や基本事象といいます。
- 必ず起きる事象を、全事象といいます。
- 絶対に起きない事象を、空事象といいます。
- 事象を表すのに、集合を使います。
- 集合は要素を並べて波カッコでくくって表すことがあります。

僕「そうだね。その通り」

テトラ「試行の結果起きることが事象なのに、絶対に起きない事象というものがあるって、不思議ですね」

僕「そうだけど、空事象を考えた方が便利な場合はよくある」

テトラ「へえ……」

僕「たとえば、《サイコロを 1 回振る試行》で ⚀ と ⚅ が共に出ることは絶対にない。そのことを《⚀ と ⚅ が共に出る事象》は空事象に等しいと表現できるからね」

テトラ「なるほど。起きないということを表せるわけですね」

僕「言葉は大事なんだけど、表面的な意味にこだわりすぎない方がいいかもしれないね。必ず起きる全事象も、絶対に起きない空事象も、事象の一種だと見なしている」

テトラ「わかりました」

3.5 1回のコイン投げ

僕「じゃ、次に**コインを1回投げる**ことを考えよう」

テトラ「はい。《コインを1回投げる試行》を考えるんですね！」

僕「その通り！《コインを1回投げる試行》での全事象は？」

テトラ「わかります。コインを1回投げたときは表が出るか裏が出るかしかありませんから、全事象は集合を使って、

$$\{表, 裏\}$$

と表せます。ですよね？」

僕「そうだね」

テトラ「$\{表, 裏\}$ と $\{裏, 表\}$ のどっちで書いてもいいですか？」

僕「うん、いいよ。要素を並べて集合を表すとき、要素はどんな順序で並べてもいい。集合では、どんな要素が属しているかだけが大事なんだ」

テトラ「わかりました」

僕「じゃ《コインを1回投げる試行》における事象をすべて挙げることはできる？」

テトラ「ええと……いまの全事象も事象ですよね？」

僕「そうだね」

テトラ「《表が出る事象》の $\{表\}$ と、《裏が出る事象》の $\{裏\}$ で

す。……あっ、それから空事象の { } もです！」

僕「はい、正解。その4個が、《コインを1回投げる試行》におけるすべての事象になる」

{ }	《絶対に起きない事象》（空事象）
{ 表 }	《表が出る事象》（根元事象）
{ 裏 }	《裏が出る事象》（根元事象）
{ 表, 裏 }	《必ず起きる事象》（全事象）

《コインを1回投げる試行》におけるすべての事象

3.6 2回のコイン投げ

僕「今度は**コインを2回投げる**という状況を考えてみよう」

テトラ「はい……」

僕「《コインを2回投げる》のを一つの試行だと考えたとする。そのときの全事象は？」

テトラ「コインを2回投げたときに起きることですから、

$$\{ 表表, 裏裏, 表裏, 裏表 \}$$

が全事象になります」

僕「うん、そうだね。この全事象に u という名前を付けると、u はこんなふうに表せる」

$$U = \{ \, 裏裏, \, 裏表, \, 表裏, \, 表表 \, \}$$

テトラ「わかりました」

僕「じゃあ――」

テトラ「あっと、わかりません!」

僕「え?」

テトラ「いま先輩は《コインを 2 回 投げる》のを一つの試行だと
　　　おっしゃいましたけど、《コインを 1 回 投げる》のが一つの
　　　試行じゃないんでしょうか。そして全事象は $\{ 表, 裏 \}$ になる
　　　のではありませんか?」

僕「ああ、それはね。いま考えている状況で何を一つの試行と見
　　なすかという問題だから、どちらでもいいんだよ。決めるこ
　　とが大事」

テトラ「どちらでもいい?」

3.7　何を試行と見なすか

僕「僕たちが確率を考えようとするとき、何を試行と見なすかは、
　　自動的に《決まる》ことじゃなくて、僕たちが《決める》こ
　　となんだ」

テトラ「《決まる》じゃなくて《決める》……?」

僕「そんなに難しい話じゃないよ。

- 《2 回投げる》のを一つの試行として、試行を 1 回行う。
- 《1 回投げる》のを一つの試行として、試行を 2 回行う。

のどちらでも考えられる——ということだから。コインを
2 回投げるという状況を考えるときに、何を試行とするかは
僕たちが《決める》んだよ」

テトラ「少し、わかってきました」

僕「だからこそ、何を試行として考えているのかを明確にする必
要があるよね。さもないと議論の土台が定まらなくなってし
まうんだ。それで、いまは《2 回投げる》のを一つの試行と
見なすことにする」

テトラ「なるほど……」

僕「このとき《2 回とも同じ面が出る》という事象を A としよう。
A は具体的にどう書ける？」

テトラ「表表 か 裏裏 ですから、

$$A = \{\, 表表, 裏裏 \,\}$$

です」

僕「そうだね、正解！」

テトラ「試行と事象——あたし、ちょっぴりお友達になれた
かも……」

僕「それはよかった。ここまでは試行と事象の話。ここから、い
よいよ確率の話に入ろう！」

テトラ「はい！」

3.8 確率と確率分布

僕「僕たちが確率を考えるときというのは、単なる確率じゃなくて、ある事象が起きる確率を考えてるわけだよね」

テトラ「はい……えっと、当たり前、ですよね？」

僕「うん、当たり前の話だよ。僕たちは、事象に対応して確率を考えているという話」

テトラ「具体的には……」

僕「ああ、そうだ。2回のコイン投げの例を出すんだったね。たとえば《2回とも同じ面が出る》という事象を A として、事象 A が起きる確率はいくらだろうか——と考えるわけだ」

テトラ「はい、わかります。計算しますと $\frac{1}{2}$ ですね。すべての場合は4通りで、同じ面が出るのは 表表 と 裏裏 の2通りですから」

僕「そうだね。フェアなコインだったらそうなる。さてここで、

事象を一つ決めると、確率の値が一つ決まる

という点に注目しよう」

テトラ「はい？」

僕「事象を一つ決めると、確率の値が一つ決まる——ということは、事象を与えると実数が得られる**関数**を考えていることになるよね」

テトラ「関数……」

僕「事象を一つ決めたら、確率の値が一つ決まる。このような『一つ決めたら、一つ決まる』というのは関数になるから」

テトラ「それは、関数 $f(x) = x^2$ で、x の値を一つ決めたら $f(x)$ の値が一つ決まる——みたいに？」

僕「そうそう！ まさにそういうこと！ いまテトラちゃんは、x の値に x^2 の値を対応付ける関数に f という名前を付けた。それと同じように、僕たちは確率を得るための関数に、

$$Pr$$

という名前を付けることにする」

テトラ「この Pr が確率なのですね」

僕「正確には Pr は**確率分布**や確率分布関数というね」

テトラ「確率分布……それは確率とは違うんですか？」

　彼女は大きな目をぱちぱちさせて僕を見る。

僕「確率分布 Pr は、事象に対して確率の値を定める関数のこと。そして、一つの事象 A に対して得られる $Pr(A)$ という実数が確率になるんだよ。用語を厳密に使うならね」

テトラ「こ、こういうところです。あたしが難しく感じるのは」

僕「さっきテトラちゃんが言ってくれた関数 $f(x) = x^2$ の例と比べるとわかりやすいかもしれない。関数 f に実数 3 を与えると、$f(3)$ という式で表せる実数が得られる。$f(3)$ という式が表している具体的な値は 3^2 つまり 9 だね。f は関数の名

前。f(3) は関数 f に実数 3 を与えたときの実数を表している
わけだ」

テトラ「……はい」

僕「それと同じような関係がある。関数 Pr に集合 A を与えると、
Pr(A) という式で表せる実数が得られる。Pr は関数の名前。
Pr(A) は関数 Pr に集合 A を与えたときの実数を表している。
A は事象を表している集合で、Pr は確率分布を表している関
数で、Pr(A) は確率を表している実数——ということだね」

関数 f に、　　　実数 3 を与えると、　　実数 f(3) が得られる。
関数 Pr に、　　集合 A を与えると、　　実数 Pr(A) が得られる。
確率分布 Pr に、　事象 A を与えると、　　確率 Pr(A) が得られる。

テトラ「確率分布は、事象を確率に対応させている関数……？」

僕「そういうことだね！　この事象が起きる確率はどのくらい？
という問いに答えを返してくれるものが確率分布だともいえ
るし、確率分布がわかっていれば、個々の事象が起きる確率
がわかっているともいえる」

テトラ「確率と確率分布について、少しわかってきました。なん
となくですけれど」

僕「うん、そうだ。具体例を考えてみよう」

3.9　2回のコイン投げでの確率分布

僕「僕たちはいま《コインを2回投げる》という試行を考えている。全事象 U は、

$$U = \{ \text{裏裏, 裏表, 表裏, 表表} \}$$

で、根元事象は、

$$\{ \text{裏裏} \}, \{ \text{裏表} \}, \{ \text{表裏} \}, \{ \text{表表} \}$$

の4個になる。ここまではいいよね」

テトラ「大丈夫です」

僕「フェアなコインだと考えて、確率分布を $\Pr$ とすると、根元事象に対する確率はこんなふうに求められる。

$$\Pr(\{ \text{裏裏} \}) = \frac{|\{ \text{裏裏} \}|}{|\{ \text{裏裏, 裏表, 表裏, 表表} \}|} = \frac{1}{4}$$

$$\Pr(\{ \text{裏表} \}) = \frac{|\{ \text{裏表} \}|}{|\{ \text{裏裏, 裏表, 表裏, 表表} \}|} = \frac{1}{4}$$

$$\Pr(\{ \text{表裏} \}) = \frac{|\{ \text{表裏} \}|}{|\{ \text{裏裏, 裏表, 表裏, 表表} \}|} = \frac{1}{4}$$

$$\Pr(\{ \text{表表} \}) = \frac{|\{ \text{表表} \}|}{|\{ \text{裏裏, 裏表, 表裏, 表表} \}|} = \frac{1}{4}$$

ここで、$|X|$ というのは集合 X の要素数を表すことにする」

> **集合の要素数**
> 集合 X の要素数を、
>
> $$|X|$$
>
> で表します。
> ※ここでは有限集合に限って考えています。

テトラ「要素数……たとえば、

$$|\{ 裏裏 \}| = 1 \qquad 要素が 1 個$$
$$|\{ 裏裏, 裏表, 表裏, 表表 \}| = 4 \qquad 要素が 4 個$$

ということですね」

僕「そうだね。もしも A = { 裏裏, 表表 } とするならば、

$$\Pr(A) = \frac{|A|}{|U|} = \frac{2}{4} = \frac{1}{2}$$

とも書ける」

テトラ「はいはい、わかります。だとしたら、

$$\Pr(U) = 1$$

もいえますね？　だって、

$$\Pr(U) = \frac{|U|}{|U|} = \frac{4}{4} = 1$$

ですから！」

僕「その通りだね。全事象 U は必ず起きる事象で、起きる確率 $\mathrm{Pr}(U)$ は 1 だとわかった」

テトラ「先輩、先輩！

$$\mathrm{Pr}(\{\}) = \frac{|\{\}|}{|U|} = \frac{0}{4} = 0$$

ですから、

$$\mathrm{Pr}(\{\}) = 0$$

もいえます。空事象が起きる確率は 0 ですねっ！」

僕「うんうん。テトラちゃんは、事象を集合で表すことがよくわかっているみたいだよ」

テトラ「え、ええと……事象を集合で表すのはわかったんですが、肝心の集合の方はちょっと怪しいかもです」

僕「だったら、集合もおさらいしようか。心配なら、何回確かめても悪いことはないからね」

3.10　共通部分と和集合

僕「A と B が集合のとき、A と B のどちらにも属している要素をすべて集めたものも集合になって、それを集合 A と B の**共通部分**と呼ぶ。 A と B に共通している要素をすべて集めた集合だね。集合 A と B の共通部分は、

$$A \cap B$$

と書く約束になっている」

テトラ「はい」

僕「それから、A と B が集合のとき、A と B の少なくともどちらかに属している要素をすべて集めたものも集合になって、それを集合 A と B の**和集合**と呼ぶ。A と B の要素をすべて合わせて作った集合だね。集合 A と B の和集合は、

$$A \cup B$$

と書く約束」

テトラ「はい、それも大丈夫です」

僕「集合はこんなふうにヴェン図で描くとわかりやすいね」

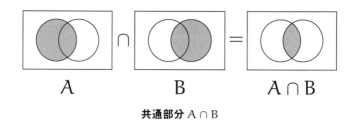

共通部分 A ∩ B

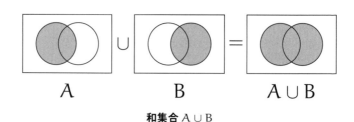

和集合 A ∪ B

テトラ「はいはい、よくわかります。共通部分 A ∩ B は両方が重なっているところで、和集合 A ∪ B は両方を合わせたところ

です」

僕「共通部分 $A \cap B$ は両方が重なっているところ——とも見なせるし、集合 B に属する要素のうち、集合 A に属する要素だけを選び出したものとも見なせるよ」

テトラ「ははあ……そうですね」

3.11 排反

僕「じゃあ、ここで**クイズ**だよ。もしも、集合 A と B について、

$$A \cap B = \varnothing$$

という等式が成り立つとしたら、A と B について何がいえる？」

テトラ「えっと、えっと……重なっているところ、集合 A と B の共通部分が空集合 $\varnothing$ に等しい——ですね。共通部分に要素が一つもないということです」

テトラちゃんは空中で両手をぐるぐると振り回して説明する。

僕「うん、そうだね。集合 A と B がどちらも事象を表していて、$A \cap B = \varnothing$ が成り立つとき、事象 A と B は互いに**排反**であると呼ぶんだ」

テトラ「排反……」

僕「たとえば《サイコロを 1 回振る試行》において $A = \{\boxdot, \boxdot, \boxdot\}$ で $B = \{\boxdot, \boxdot\}$ のとき、事象 A と B は互いに排反になる」

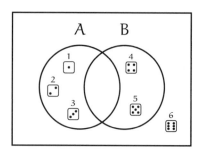

> **排反**
> 事象 A と B について、
>
> $$A \cap B = \varnothing$$
>
> が成り立つとき、事象 A と B は互いに**排反**であるという。

テトラ「排反——それは、事象 A と B が共に起きることはない という意味ですね？」

僕「うん、そういうことだね。$A \cap B = \varnothing$ という式が成り立つと き、集合の言葉でいえば、

　　集合 A と B の共通部分は空集合に等しい

といえる。そして、集合 A と B が事象を表しているとき、事 象の言葉では、

　　事象 A と B は互いに排反である

といえるんだ。どちらも $A \cap B = \varnothing$ という式で表現できる。

もちろん $A \cap B = \{\}$ と書いても同じ」

テトラ「集合の……言葉？」

僕「そうだよ。確率で事象を考えるとき、事象の一つ一つは集合として表現されている。事象を考えるときに、集合の助けを借りているんだね。だから、《事象 A と B は互いに排反である》という事象の言葉を、$A \cap B = \varnothing$ という式で表現できる。これは、いわば集合の言葉を借りているんだね」

テトラ「集合の言葉と事象の言葉──なるほどです！」

3.12 全体集合と補集合

僕「確率では《全体は何か？》を考えるのが大切だけど、それは全事象を考えることに相当する。事象は集合で表現するから**全体集合**は何かを考えるのが大事ということになる」

テトラ「全体集合というのは森羅万象のすべてを要素に持つ集合ということですか？」

僕「ああ、違う違う。そうじゃなくて、いま考察の対象にしているものすべてを表す集合だね。だから、むしろ、森羅万象から切り出して制約を設けたともいえる。これがすべてだと定めちゃうんだ」

テトラ「なるほど……考えてみれば、コインを 2 回投げたときの全事象は {裏裏, 裏表, 表裏, 表表} でした。森羅万象ではないですね。うさぎさんは出てきません」

僕「そうだね……うさぎさん？ さてここで、全体集合 U の要素
のうちで、集合 A に属さない要素をすべて集めた集合を考
える」

テトラ「集合 A の要素以外のすべての要素を集めた集合……で
すね」

僕「うん、そう。その集合のことを、集合 A の**補集合**と呼んで、

$$\overline{A}$$

と表す。補集合が表す事象は**余事象**というね」

テトラ「型抜きクッキーの残りですね」

僕「型抜きクッキー？」

テトラ「クッキーを焼く前の平たく伸ばした生地から、金属の型
抜きでクッキーを丸く切り出します。クッキーが集合 A な
ら、残った生地の方が補集合 $\overline{A}$ ですねっ！」

僕「なるほど、そうだね。ヴェン図もちょうどそんな感じになる」

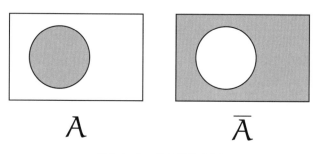

集合 A と、その補集合 $\overline{A}$

テトラ「もしかして余事象 $\overline{A}$ というのは、事象 A が起きないという事象ですか？」

僕「そうだよ」

テトラ「やっぱり、そうなんですね。《起きない》のが《起きる》って引っかかったんですが」

僕「事象 A 以外が起きる事象だと考えればいいんじゃないかな。2 回のコイン投げで具体的に考えればすぐにわかるよ。たとえば事象 A が、

$$A = \{\, \text{表表} \,\}$$

ならば、事象 $\overline{A}$ は、

$$\overline{A} = \{\, \text{裏裏}, \text{裏表}, \text{表裏} \,\}$$

になる。《2 回とも表が出る》という事象 A の余事象 $\overline{A}$ は、《少なくとも 1 回は裏が出る》という事象を表している」

テトラ「なるほどです……あっ、ということは、全事象の余事象は空事象ですね！　《必ず起きる》事象が全事象で、その余事象は《絶対に起きない》事象になります」

僕「そうそう！　そのことは、式を使って、

$$\overline{U} = \varnothing$$

と書ける。それから、空事象の余事象が全事象であることは、

$$\overline{\varnothing} = U$$

と書ける。他に、こんな式も成り立つよ」

$$A \cap \overline{A} = \varnothing$$

$$A \cup \overline{A} = U$$

テトラ「わかります、わかります！」

3.13 加法定理

僕「試行、事象、確率、確率分布を確かめて、集合の計算もおさらいしたから、確率の加法定理もよく理解できるよ」

確率の加法定理（一般の場合）
事象 A と B に対して、

$$\Pr(A \cup B) = \Pr(A) + \Pr(B) - \Pr(A \cap B)$$

が成り立つ。

テトラ「……」

僕「事象 $A \cup B$ が起きる確率は、事象 A が起きる確率と、事象 B が起きる確率とを加えて、事象 $A \cap B$ が起きる確率を引けば得られる——とそんなふうに読めるよ」

テトラ「あたしは、これを確率の《和の法則》と覚えていたんですが、加法定理が正しいんですか？」

僕「《和の法則》でもいいんだけど、この等式は確率の定義から証

明できる定理だから、加法定理と書いたんだ」

テトラ「証明？」

僕「うん、そうだよ。根元事象が同じくらい起きやすいとき、事象が持つ要素数に帰着して確率を求めることができる。それを使えば、確率の加法定理は証明できるよ、こんなふうに」

$$\Pr(A \cup B) = \frac{|A \cup B|}{|U|} \qquad \text{確率の定義から}$$

$$= \frac{|A| + |B| - |A \cap B|}{|U|}$$

$$= \frac{|A|}{|U|} + \frac{|B|}{|U|} - \frac{|A \cap B|}{|U|} \qquad \text{分数の和に分解した}$$

$$= \Pr(A) + \Pr(B) - \Pr(A \cap B) \quad \text{確率の定義から}$$

テトラ「ええと……」

僕「ゆっくり読めば難しくはないよ」

テトラ「……ああ、式を読むのにちょっと混乱していました」

僕「この証明では、集合の要素数に帰着させて加法定理を証明している。有限集合の要素数について、

$$|A \cup B| = |A| + |B| - |A \cap B|$$

が成り立つことを使っているね」

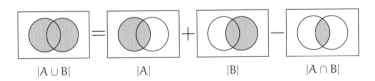

$|A \cup B|$ $\quad$ $|A|$ $\quad$ $|B|$ $\quad$ $|A \cap B|$

テトラ「はい、わかりました。$|A|+|B|-|A\cap B|$ は要素数を足し合わせてから、だぶっている部分の要素数を引き算するということですね」

僕「そうだね。注意深く読む必要があるのはこの要素数の部分だけ。あとは確率の定義と分数の計算だよ」

テトラ「なるほど」

僕「いまのは一般の場合。それに対して排反の場合、加法定理はこうなるよ」

確率の加法定理（排反の場合）
事象 A と B が互いに排反のとき、すなわち $A\cap B=\varnothing$ のとき、
$$\Pr(A\cup B)=\Pr(A)+\Pr(B)$$
が成り立つ。

テトラ「こちらも証明できますね！」

僕「うん、さっきとほとんど同じになる」

$$\Pr(A \cup B) = \frac{|A \cup B|}{|U|} \qquad \text{確率の定義から}$$

$$= \frac{|A| + |B|}{|U|} \qquad \text{共通部分が要素を持たないから}$$

$$= \frac{|A|}{|U|} + \frac{|B|}{|U|} \qquad \text{分数の和に分解した}$$

$$= \Pr(A) + \Pr(B) \qquad \text{確率の定義から}$$

テトラ「一般の場合との違いは、引き算がないところだけです。二つの集合 A と B の共通部分は要素を持たないから、

$$|A \cup B| = |A| + |B|$$

だけですみます」

僕「そうそう！ その通りだね。だから、A と B が互いに排反のとき、和事象 A∪B の確率は、事象 A と B それぞれの確率の和になるといえる」

テトラ「はい、そうですね」

僕「だから、A と B が互いに排反のときは《和事象の確率は、確率の和》とスローガン風にいえる」

テトラ「ああ、確かに！ 線型性を学んだところでよく出てきました。《和の○○は、○○の和》ですね。微分や、積分や……[1]」

僕「別の言い方をすると、事象が互いに排反であることは、便利な性質ともいえるよ。つまり和事象の確率を求めるときに、それぞれの事象の確率を求めておいて足せばいいということ

---

[1] 『数学ガールの秘密ノート／行列が描くもの』参照。

　　だから」

$$\Pr(A \cup B) = \Pr(A) + \Pr(B) - \boxed{\Pr(A \cap B)} \quad \text{加法定理（一般の場合）}$$
$$\Pr(A \cup B) = \Pr(A) + \Pr(B) \qquad\qquad\qquad \text{加法定理（排反の場合）}$$

テトラ「わかりました」

3.14 乗法定理

僕「確率の乗法定理の話に入ろう。いよいよ条件付き確率が出てくるよ」

テトラ「ああ……いよいよ」

僕「**条件付き確率**をこう定義する」

条件付き確率

事象 A が起きたという条件のもとで
事象 B が起きる**条件付き確率**を次式で定義する。

$$\Pr(B \mid A) = \frac{\Pr(A \cap B)}{\Pr(A)}$$

ただし、$\Pr(A) \neq 0$ とする。

テトラ「……」

僕「この定義から、すぐに確率の乗法定理が得られる」

確率の乗法定理（一般の場合）

事象 A と B に対して、

$$\Pr(A \cap B) = \Pr(A)\Pr(B \mid A)$$

が成り立つ。

ただし、$\Pr(A) \neq 0$ とする。

テトラ「あたし、確率の中でこれが一番苦手かもしれません」

僕「条件付き確率が？」

テトラ「はい、そうです。$\Pr(B \mid A)$ というのは、

　　　　$\Pr(B \mid A)$ は、
　　　　事象 A が起きたという条件のもとで
　　　　事象 B が起きる条件付き確率

　　を表しますよね」

僕「それで正しいよ」

テトラ「でも、あたし、$\Pr(B \mid A)$ が何であるかを唱えることはできましたけど、その意味は説明できません」

僕「うん。条件付き確率は難しいよね。僕も最初は何をいってるのかさっぱりわからなかった」

テトラ「そもそも $\Pr(A \cap B)$ と $\Pr(B \mid A)$ の違いがわかりません！」

僕「うんうん」

テトラ「Pr(A ∩ B) は、事象 A と B の両方が起きる確率？」

僕「そうだね。それは正しい。共通事象 A ∩ B は、集合の共通部分を使って表した事象で、事象 A と B の両方が起きる事象を表している。だから、Pr(A ∩ B) は事象 A と B の両方が起きる確率になる」

テトラ「ここであたしは大・混・乱です。

- Pr(B | A) は、事象 A が起きたという条件のもとで事象 B が起きる条件付き確率。
- Pr(A ∩ B) は、事象 A と事象 B の両方が起きる確率。

この二つ、あたしにはまったく同じに見えるんですっ！」

僕「それは——」

テトラ「だってそうですよね。事象 A が起きたという条件のもとで事象 B が起きる確率というのは、結局のところ、事象 A と事象 B の両方が起きる確率ということじゃないんでしょうか。事象 A が起きたという条件のもとでは、事象 A は起きていますからっ！」

　テトラちゃんは興奮気味の早口でそう言い放った。

僕「テトラちゃんの気持ちはよくわかるよ。大混乱するのは、言葉のせいだと思う。《事象 A が起きたという条件のもとで》という言葉だけじゃ、よくわからなくなるのも無理ないよ」

テトラ「それでは、どうやって理解すればいいんでしょうか」

僕「《定義にかえれ》だよ。条件付き確率 Pr(B | A) はこう定義されている」

$$\Pr(B \mid A) = \frac{\Pr(A \cap B)}{\Pr(A)}$$

テトラ「はい……」

僕「分子の $\Pr(A \cap B)$ と分母の $\Pr(A)$ をそれぞれこう書いてみよう」

$$\Pr(A \cap B) = \frac{|A \cap B|}{|U|}$$

$$\Pr(A) = \frac{|A|}{|U|}$$

テトラ「はい、これは読めます。大丈夫です。集合の要素数で表したんですよね」

僕「これを利用して、条件付き確率も集合の要素数で表してみよう」

$$
\begin{aligned}
\Pr(B \mid A) &= \frac{\Pr(A \cap B)}{\Pr(A)} && \text{条件付き確率の定義から} \\
&= \frac{\frac{|A \cap B|}{|U|}}{\frac{|A|}{|U|}} && \text{分子と分母を集合の要素数で表した} \\
&= \frac{\frac{|A \cap B|}{|U|} \times |U|}{\frac{|A|}{|U|} \times |U|} && \text{分子と分母に } |U| \text{ を掛けた} \\
&= \frac{|A \cap B|}{|A|} && \text{約分した}
\end{aligned}
$$

テトラ「はい、こういう式が出てきました……」

$$\Pr(B \mid A) = \frac{|A \cap B|}{|A|}$$

僕「この式はあたかも <u>事象 A を全事象だと見なした確率</u> のように見えるよね。すべての場合の数が $|A|$ で、注目している場合の数が $|A \cap B|$ なんだ」

テトラ「事象 A を全事象だと見なした確率……ははあ、なるほど。確かに、分母が $|U|$ ではなく $|A|$ になっています」

僕「そして分子の $|A \cap B|$ は、集合 B に属する要素のうち、集合 A に属する要素だけを選び出したときの要素数を表しているよね？」

テトラ「あっあっあっ、なるほど！ 確かに、集合 A の要素だけで全部を考えようとしていますね！ 集合 A に属していない要素を無視して確率を考えているみたいですっ！」

僕「条件付き確率も、確率であることには変わりはないんだよ。《すべての場合の数》分の《注目している場合の数》が確率になる。でも、条件付き確率を考えるときに注意するのは、その《すべての場合》がいつもとは違う点」

テトラ「《すべての場合》がいつもとは違う……」

僕「いつもは全体集合 U がすべてだけど、集合 A をすべてだと考える。条件付き確率を考えるときの《すべての場合》には《与えられた条件を満たす場合》という制限が掛かるんだ。《与えられた条件を満たさない場合》は無視する。見ない。対象外とする。集合 A というのぞき窓を通して世界を見る」

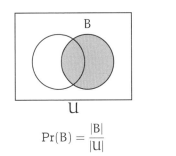

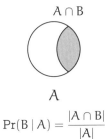

$$\Pr(B) = \frac{|B|}{|U|} \qquad \Pr(B \mid A) = \frac{|A \cap B|}{|A|}$$

テトラ「なるほど、なるほど！ トッピング B のうち、型抜きクッ
キー A に乗ったトッピング A ∩ B を A の中だけで考えるの
が $\Pr(B \mid A)$ なんですね！」

僕「そうだね。図で考えると $\Pr(A \cap B)$ と $\Pr(B \mid A)$ の違いも
はっきりする。分子は同じだけど分母が違うね」

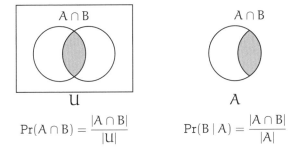

$$\Pr(A \cap B) = \frac{|A \cap B|}{|U|} \qquad \Pr(B \mid A) = \frac{|A \cap B|}{|A|}$$

テトラ「なるほどです……」

僕「条件付き確率では、確率を得るときの《すべての場合》が変
わる。条件付き確率を考えるときには、条件を満たさない場
合を取り除いた上で確率を考えればいいんだよ」

テトラ「わかりそうな気がしてきました！ ……ぐ、具体例がほし

いですっ！」

3.15　サイコロゲーム

僕「じゃあ、こんな問題を考えてみよう」

問題3-1（サイコロゲーム）
サイコロゲームを行います。僕とテトラちゃんがフェアなサイコロを1回ずつ振って、大きな目が出た方が勝ちとします。同じ目が出たなら引き分けです。《僕とテトラちゃんがフェアなサイコロを1回ずつ振る》という試行に対して、事象AとBをそれぞれ、

$$A = 僕が \stackrel{3}{\boxdot} を出す事象$$

$$B = テトラちゃんが勝つ事象$$

とします。このとき、$\Pr(A \cap B)$ と $\Pr(B \mid A)$ をそれぞれ求めてください。

テトラ「はい、設定はわかりました。先輩がサイコロを振って、あたしもサイコロを振る。大きな目が出た方が勝ち。試行と事象もわかります」

僕「確率は求められそう？」

テトラ「$\Pr(A \cap B)$ の方は大丈夫です。先輩が $\stackrel{3}{\boxdot}$ を出してあたし

が勝つ確率ということですよね」

僕「そうだね」

テトラ「フェアなサイコロですから、場合の数を考えます。全事象 U は、先輩の目とあたしの目を順番に並べて表すと——

$$U = \{ \ \substack{1\ 1\\ \boxdot\boxdot}, \ \substack{1\ 2\\ \boxdot\boxdot}, \ \substack{1\ 3\\ \boxdot\boxdot}, \ \substack{1\ 4\\ \boxdot\boxdot}, \ \substack{1\ 5\\ \boxdot\boxdot}, \ \substack{1\ 6\\ \boxdot\boxdot},$$

$$\substack{2\ 1\\ \boxdot\boxdot}, \ \substack{2\ 2\\ \boxdot\boxdot}, \ \substack{2\ 3\\ \boxdot\boxdot}, \ \substack{2\ 4\\ \boxdot\boxdot}, \ \substack{2\ 5\\ \boxdot\boxdot}, \ \substack{2\ 6\\ \boxdot\boxdot},$$

$$\substack{3\ 1\\ \boxdot\boxdot}, \ \substack{3\ 2\\ \boxdot\boxdot}, \ \substack{3\ 3\\ \boxdot\boxdot}, \ \substack{3\ 4\\ \boxdot\boxdot}, \ \substack{3\ 5\\ \boxdot\boxdot}, \ \substack{3\ 6\\ \boxdot\boxdot},$$

$$\substack{4\ 1\\ \boxdot\boxdot}, \ \substack{4\ 2\\ \boxdot\boxdot}, \ \substack{4\ 3\\ \boxdot\boxdot}, \ \substack{4\ 4\\ \boxdot\boxdot}, \ \substack{4\ 5\\ \boxdot\boxdot}, \ \substack{4\ 6\\ \boxdot\boxdot},$$

$$\substack{5\ 1\\ \boxdot\boxdot}, \ \substack{5\ 2\\ \boxdot\boxdot}, \ \substack{5\ 3\\ \boxdot\boxdot}, \ \substack{5\ 4\\ \boxdot\boxdot}, \ \substack{5\ 5\\ \boxdot\boxdot}, \ \substack{5\ 6\\ \boxdot\boxdot},$$

$$\substack{6\ 1\\ \boxdot\boxdot}, \ \substack{6\ 2\\ \boxdot\boxdot}, \ \substack{6\ 3\\ \boxdot\boxdot}, \ \substack{6\ 4\\ \boxdot\boxdot}, \ \substack{6\ 5\\ \boxdot\boxdot}, \ \substack{6\ 6\\ \boxdot\boxdot} \ \}$$

——です。なので、すべての場合の数は、

$$|U| = 6 \times 6 = 36$$

です」

僕「そうだね」

テトラ「先輩が $\overset{3}{\boxdot}$ を出す事象 A も具体的に書けます。

$$A = \{ \substack{3\ 1\\ \boxdot\boxdot}, \substack{3\ 2\\ \boxdot\boxdot}, \substack{3\ 3\\ \boxdot\boxdot}, \substack{3\ 4\\ \boxdot\boxdot}, \substack{3\ 5\\ \boxdot\boxdot}, \substack{3\ 6\\ \boxdot\boxdot} \}$$

場合の数は 6 通りです」

僕「事象 B も書ける？」

テトラ「はい。あたしが勝つのは、先輩よりもあたしが出した目の方が大きい場合ですから——こんな 15 通りになります」

$$B = \{\ \overset{1\ 2}{\boxdot}, \quad \overset{1\ 3}{\boxdot}, \quad \overset{1\ 4}{\boxdot}, \quad \overset{1\ 5}{\boxdot}, \quad \overset{1\ 6}{\boxdot},$$
$$\overset{2\ 3}{\boxdot}, \quad \overset{2\ 4}{\boxdot}, \quad \overset{2\ 5}{\boxdot}, \quad \overset{2\ 6}{\boxdot},$$
$$\overset{3\ 4}{\boxdot}, \quad \overset{3\ 5}{\boxdot}, \quad \overset{3\ 6}{\boxdot},$$
$$\overset{4\ 5}{\boxdot}, \quad \overset{4\ 6}{\boxdot},$$
$$\overset{5\ 6}{\boxdot}$$
$$\}$$

僕「これで、$\Pr(A \cap B)$ はわかるね」

テトラ「$A \cap B$ というのは、先輩が 3 の目を出して、さらにあたしが勝つという事象ですから、あたしの目は $4, 5, 6$ のどれか。つまり——

$$A \cap B = \{\overset{3\ 4}{\boxdot}, \overset{3\ 5}{\boxdot}, \overset{3\ 6}{\boxdot}\}$$

——の 3 通りになります。すべての場合の数は $|U| = 36$ ですから $\Pr(A \cap B)$ は計算できます」

$$\Pr(A \cap B) = \frac{|A \cap B|}{|U|} = \frac{3}{36} = \frac{1}{12}$$

僕「じゃ、いよいよ条件付き確率 $\Pr(B \mid A)$ だね。ここまでは全事象 U がすべての場合だとして考えてきたけれど、ここで条件を付けてみよう。事象 A つまり《僕が $\overset{3}{\boxdot}$ を出した》という事象が起きたとき——という条件を付ける」

テトラ「《先輩が $\overset{3}{\boxdot}$ を出した》という条件を満たす事象 A がすべてだと思うんですね。先輩の目が 3 で、あたしの目が 1 から 6 までのどれかですから、要素は 6 個です!」

$$A = \{\overset{3\ 1}{\boxdot}, \overset{3\ 2}{\boxdot}, \overset{3\ 3}{\boxdot}, \overset{3\ 4}{\boxdot}, \overset{3\ 5}{\boxdot}, \overset{3\ 6}{\boxdot}\}$$

僕「そうだね! $|A| = 6$ だ」

テトラ「ということは、分母は 36 じゃなくて 6 ですから……こんな計算ですか」

$$\Pr(B \mid A) = \frac{|A \cap B|}{|A|} = \frac{3}{6} = \frac{1}{2}$$

僕「うん、それで正解だよ。そしてこれはもちろん、条件付き確率 $\Pr(B \mid A)$ の定義から得られる値に等しい」

$$\Pr(B \mid A) = \frac{\Pr(A \cap B)}{\Pr(A)} = \frac{\frac{1}{12}}{\frac{1}{6}} = \frac{1}{12} \cdot \frac{6}{1} = \frac{1}{2}$$

テトラ「ああ……あたし、やっと、条件付き確率 $\Pr(B \mid A)$ の定義があのようになっている意味を納得できたかもしれません。

$$\frac{\Pr(A \cap B)}{\Pr(A)}$$

という確率の比を、

$$\frac{|A \cap B|}{|A|}$$

という要素数の比として読み直せば納得です」

$$
\begin{aligned}
\Pr(B \mid A) &= \frac{|A \cap B|}{|A|} \\
&= \frac{|\{\,\overset{3\ 4}{\boxed{\because\!\because}},\ \overset{3\ 5}{\boxed{\because\!\therefore}},\ \overset{3\ 6}{\boxed{\because\!\boxplus}}\,\}|}{|\{\,\overset{3\ 1}{\boxed{\because\cdot}},\ \overset{3\ 2}{\boxed{\because\!:}},\ \overset{3\ 3}{\boxed{\because\!\because}},\ \overset{3\ 4}{\boxed{\because\!\because}},\ \overset{3\ 5}{\boxed{\because\!\therefore}},\ \overset{3\ 6}{\boxed{\because\!\boxplus}}\,\}|} \\
&= \frac{3}{6} \\
&= \frac{1}{2}
\end{aligned}
$$

僕「確率 $\Pr(A \cap B)$ と条件付き確率 $\Pr(B \mid A)$ の違いも納得？」

テトラ「はい！ $\Pr(A \cap B)$ は、全事象 U をすべてとして考えた ときに $A \cap B$ が起きる確率です。$\Pr(B \mid A)$ の方は、事象 A をすべてとして考えたときに $A \cap B$ が起きる確率なんです ね。やはりここでも《全体は何か》を考えるのが大切だとわ かりました！」

解答 3-1 (サイコロゲーム)

$$\Pr(A \cap B) = \frac{|A \cap B|}{|U|} = \frac{3}{36} = \frac{1}{12}$$

$$\Pr(B \mid A) = \frac{|A \cap B|}{|A|} = \frac{3}{6} = \frac{1}{2}$$

僕「$\Pr(A \cap B)$ と $\Pr(B \mid A)$ の違いは、こんな図を描いてみると よくわかるよ。確かに分母が違うね」

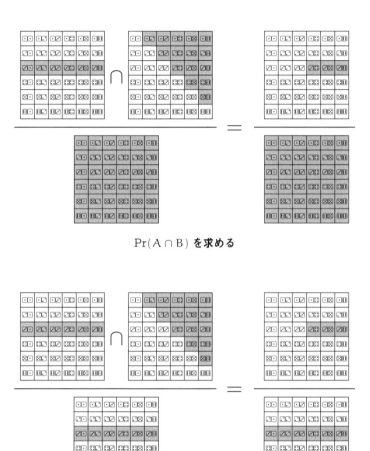

$\Pr(A \cap B)$ を求める

$\Pr(B \mid A)$ を求める

テトラ「なるほど！ こんなふうに図で描くとわかりやすいです」

僕「慣れるまでは、式だけで考えるのは難しいかも」

テトラ「式といえば、条件付き確率の、

$$\Pr(B \mid A)$$

という書き方！ これも難しいです」

僕「条件付き確率 $\Pr(B \mid A)$ のことを、

$$P_A(B)$$

のように書く場合もあるよ。つまり、条件を付けた事象 A を
添字（そえじ）の形にしたんだね」

テトラ「それでも……どっちが条件なのか、わかりにくいです」

僕「僕は、

$$\Pr(B \mid A)$$

の縦棒（ $\mid$ ）を、た̇だ̇し̇と読んでいるよ」

$\Pr(B \mid A)$ は、
事象 B の確率だけど、
た̇だ̇し̇、事象 A が起きたという条件が付いている。

テトラ「ああ、条件を後ろに付けたイメージなんですね。この式
は英語ではどう読むんでしょう」

僕「調べてみようか」

ここは図書室。調べる本はたくさんある。

テトラ「Pr(B | A) は、

     "the conditional probability of B given A"

なんですね。縦棒は "given" ですか。なるほど……」

僕「英語の語順で考えると納得しやすいのかも」

テトラ「あ……せせせ先輩！ あたしっ、発見しましたっ！ Pr(B|A) という条件付き確率は、事象 A を全体だと考えたときの確率ですよね」

僕「そうだけど？」

テトラ「Pr(B) という確率は、全事象 U を全体だと考えた確率ですから、いわば Pr(B | U) なんですね？」

僕「確かにそうだね！ Pr(U) = 1 だから、実際に正しいよ！」

$$
\begin{aligned}
\mathrm{Pr}(B \mid U) &= \frac{\mathrm{Pr}(U \cap B)}{\mathrm{Pr}(U)} && \text{条件付き確率の定義から} \\
&= \frac{\mathrm{Pr}(B)}{\mathrm{Pr}(U)} && U \cap B = B \text{ から} \\
&= \frac{\mathrm{Pr}(B)}{1} && \mathrm{Pr}(U) = 1 \text{ から} \\
&= \mathrm{Pr}(B)
\end{aligned}
$$

3.16　ヒントを得る

テトラ「条件付き確率もただの確率だとわかってほっとしました。
　　　条件が付いている事象だけを全体だと思って考える確率のこ
　　　となんですね。でも、どうしてそんなややこしいことを考え
　　　るんでしょう」

僕「条件付き確率を知りたい場合はよくあるよ」

テトラ「そうなんですか？」

僕「うん。僕たちが部分的な情報を知ったときには、条件付き確
　　率を考えたくなる」

テトラ「部分的な情報を知る……？」

僕「たとえば、こんなクイズ*2 はどう？」

　　アリスが、12枚の絵札から1枚を引いて「黒のカードが出
　　た」と言いました。そのとき、カードが実際に ♠J である確
　　率は？

テトラ「確率は——これは、$\frac{1}{12}$ ではないですよね」

僕「『黒のカードが出た』というヒント——つまり、部分的な情報
　　を得ているから変わるかも」

テトラ「わかりました！　黒のカードという条件が付いている——
　　　と考えるんですね！　絵札12枚が全体ではなく、黒のカード

---

*2 問題2-4（p.62）と同じ。

6 枚が全体です。だったら求める確率は $\frac{1}{6}$ ですっ！」

僕「そうそう、それで正解。全事象を U として、黒のカードが出
る事象を A として、♠J が出る事象を B としたとき、求める
確率は $\Pr(B \mid A)$ になる。そして、

$$\Pr(B \mid A) = \frac{|A \cap B|}{|A|}$$
$$= \frac{1}{6}$$

として得られるんだ」

テトラ「部分的な情報を知るという意味がわかりました」

僕「実際に何が起きたかは正確にわからないけど、部分的な情報
が得られるというのはよくあることだと思うよ。そんなとき
には得られたヒントで全体集合が絞り込まれていくんだ」

テトラ「なるほどです。ヒントで全体集合が絞り込まれるので、
分母の値が変わるんですね」

3.17 独立

僕「加法定理で排反の場合を考えたときのように、乗法定理でも
特別な場合を考えることがある。一般の場合の乗法定理はこ
うだったよね」

> **確率の乗法定理（一般の場合）**
> 事象 A と B に対して、
> $$\Pr(A \cap B) = \Pr(A)\Pr(B \mid A)$$
> が成り立つ。
> ただし、$\Pr(A) \neq 0$ とする。

テトラ「はい、そうですね。これの特別な場合？」

僕「二つの事象が**独立**という場合だね。独立の定義はこうだよ」

> **独立**
> 事象 A と B について、
> $$\Pr(A \cap B) = \Pr(A)\Pr(B)$$
> が成り立つとき、事象 A と B は互いに**独立**であるという。

テトラ「……」

僕「独立の場合に乗法定理はこう表せる。これは独立の定義から考えると当然の話」

> **確率の乗法定理（独立の場合）**
>
> 互いに独立な事象 A と B に対して、
>
> $$\Pr(A \cap B) = \Pr(A)\Pr(B)$$
>
> が成り立つ。

テトラちゃんは二つの乗法定理を何度も見比べる。

テトラ「最後の部分が違いますね。$\Pr(B\,|\,A)$ と $\Pr(B)$ です」

$$\Pr(A \cap B) = \Pr(A)\,\boxed{\Pr(B\,|\,A)} \quad 乗法定理（一般の場合）$$
$$\Pr(A \cap B) = \Pr(A)\,\boxed{\Pr(B)} \quad 乗法定理（独立の場合）$$

僕「うん、一般の場合の乗法定理は $\Pr(A) \neq 0$ なら成り立つ。共通事象 $A \cap B$ が起きる確率は $\Pr(A)\Pr(B\,|\,A)$ に等しい。そもそも条件付き確率 $\Pr(B\,|\,A)$ をそのように定義したからね」

テトラ「はい」

僕「でも、共通事象 $A \cap B$ が起きる確率が $\Pr(A)\Pr(B)$ に等しくなるとしよう。事象 A と B がそういう性質を持っていることを独立というんだ」

テトラ「はい……」

僕「どう？」

テトラ「……独立って、排反と似ていますか？」

僕「加法定理では事象が排反かどうかが重要になるし、乗法定理

では事象が独立かどうかが重要になる。そういう意味では似ているけど、異なる概念だよ」

テトラ「排反な二つの事象は《共に起きることはない》とわかりやすいです。でも、独立はわかりにくいです。独立している……？」

僕「独立という言葉の辞書的な意味にこだわり過ぎない方がいいと思うな。あくまで $\Pr(A \cap B) = \Pr(A)\Pr(B)$ が独立の定義だから」

テトラ「それでも、意味は知りたいです……」

僕「そうだよね。事象 A と B が互いに独立であるというのは、事象 A と B が互いに影響を与えない状況を表しているといえる」

テトラ「影響を与えない……」

僕「事象 A が起きたと知っても、事象 B が起きたかどうかのヒントにはならない状況——ともいえるかな」

テトラ「ヒントが役に立たない？ そんな状況があるんでしょうか。だって、事象 A が起きたというヒントで、全体集合が絞り込めるわけですよね？」

僕「サイコロゲームで具体的に考えればわかるよ」

<blockquote>

問題 3-2（サイコロゲーム）

サイコロゲームを行います。《僕とテトラちゃんがフェアな
サイコロを 1 回ずつ振る》という試行に対して、事象 C と D
をそれぞれ、

$$C = 僕が \text{⚂} を出す事象$$

$$D = テトラちゃんが \text{⚄} を出す事象$$

とします。このとき、

$$\Pr(C \cap D) = \Pr(C)\Pr(D)$$

を証明してください。

</blockquote>

テトラ「ちょっとお待ちください。先輩が ⚂ を出すかどうか
は、あたしが ⚄ を出すかどうかには何の影響もない……です
よね？」

僕「そうだね、その通り！ 僕が ⚂ を出したかどうかは、テトラ
ちゃんが ⚄ を出したかどうかの確率には影響しない。だか
ら、事象 C が起きたというヒントは、事象 D が起きたかど
うかの判断には役に立たない──その状況が、

$$\Pr(C \cap D) = \Pr(C)\Pr(D)$$

という式で表されているといえる。そしてまさにその何の影
響もないという状況を独立と表現するんだよ」

テトラ「なるほど……！ 意味がわかったように思います」

僕「二つの事象が独立であることの意味は、条件付き確率を使って表すともっとはっきりするよ。いま、$\Pr(C) \neq 0$であると仮定しておく。そして、独立であることを表す式 $\Pr(C \cap D) = \Pr(C)\Pr(D)$ を使って、条件付き確率の定義を変形してみよう」

$$
\begin{aligned}
\Pr(D \mid C) &= \frac{\Pr(C \cap D)}{\Pr(C)} &&\text{条件付き確率の定義から} \\[2mm]
&= \frac{\Pr(C)\Pr(D)}{\Pr(C)} &&\text{事象 C と D が独立であることから} \\[2mm]
&= \Pr(D) &&\Pr(C) \text{ で約分した}
\end{aligned}
$$

テトラ「事象 C と D が独立なら、$\Pr(D \mid C) = \Pr(D)$ が成り立つ……?」

僕「そうだね。$\Pr(C) \neq 0$ のとき、事象 C と D が独立なら、

$$
\Pr(D \mid C) = \Pr(D)
$$

が成り立つ。言い換えると、事象 C と D が独立なら、

　　　　事象 C が起きたという条件のもとで
　　　　事象 D が起きる条件付き確率

が、

　　　　事象 D が起きる確率

に等しい——となる」

テトラ「もしかして、こういうことですか。事象 C が起きたという条件を付けても付けなくても事象 D が起きる確率は変わらない——」

僕「そうそう、そういうこと！」

テトラ「納得です！」

僕「念のために問題 3-2 を証明しようか」

テトラ「はいっ！ この証明はすぐできます！」

解答 3-2（サイコロゲーム）
（証明）事象 C, D, C∩D が起きる確率をそれぞれ計算すると、

$$\Pr(C) = \frac{6}{36} = \frac{1}{6}$$

$$\Pr(D) = \frac{6}{36} = \frac{1}{6}$$

$$\Pr(C \cap D) = \frac{1}{36}$$

となります。ここで、

$$\frac{1}{36} = \frac{1}{6} \times \frac{1}{6}$$

ですから、

$$\Pr(C \cap D) = \Pr(C)\Pr(D)$$

が示されました。（証明終わり）

僕「得られたヒントや部分的な情報が役に立つかどうかを考える
上で、条件付き確率は大切な役割を果たしているんだ」

"何が全体かを決めなかったら、半分だと言っても意味はない。"

付録：集合と事象*3

集合 A	←----→	事象 A
空集合 ∅	←----→	空事象 ∅ 絶対に起きない事象
全体集合 U	←----→	全事象 U 必ず起きる事象
A と B の共通部分 A ∩ B	←----→	A と B の共通事象 A ∩ B A と B が共に起きる事象
A と B の和集合 A ∪ B	←----→	A と B の和事象 A ∪ B A と B の少なくとも どちらかが起きる事象
A の補集合 $\overline{A}$	←----→	A の余事象 $\overline{A}$ A が起きない事象

---

*3 参考文献 [16]『確率論の基礎概念』を参考にしています。

第3章の問題

●**問題 3-1**（コインを 2 回投げる試行のすべての事象）
コインを 2 回投げる試行を考えるとき、全事象 U は、

$$U = \{ 表表, 表裏, 裏表, 裏裏 \}$$

と表すことができます。集合 U の部分集合はいずれも、この試行における事象になります。たとえば、次の三つの集合はいずれも、この試行における事象です。

$$\{ 裏裏 \}, \quad \{ 表表, 表裏 \}, \quad \{ 表表, 表裏, 裏裏 \}$$

この試行における事象は全部で何個ありますか。また、そのすべてを列挙してください。

（解答は p. 292）

●**問題 3-2**（コインを n 回投げる試行のすべての事象）
コインを n 回投げる試行を考えます。この試行の事象は、全部で何個ありますか。

（解答は p. 295）

●問題 3-3（排反）

サイコロを2回振る試行を考えます。次の①〜⑥に示した事象の組のうち、互いに排反になっている組をすべて挙げてください。なお、1回目に出た目を整数 a で表し、2回目に出た目を整数 b で表すことにします。

① a＝1 になる事象と、a＝6 になる事象
② a＝b になる事象と、a≠b になる事象
③ a≦b になる事象と、a≧b になる事象
④ a が偶数になる事象と、b が奇数になる事象
⑤ a が偶数になる事象と、ab が奇数になる事象
⑥ ab が偶数になる事象と、ab が奇数になる事象

（解答は p.296）

●問題 3-4（独立）

フェアなサイコロを1回振る試行を考えます。奇数の目が出る事象を A とし、3の倍数の目が出る事象を B としたとき、二つの事象 A と B とは独立ですか。

（解答は p.300）

●**問題 3-5**（独立）

フェアなコインを 2 回投げる試行を考えます。次の①〜④に示した事象 A と B の組のうち、互いに独立になっている組をすべて挙げてください。なお、コインの裏と表には数 0 と 1 がそれぞれ書かれており、1 回目に出た数を m で表し、2 回目に出た数を n で表すことにします。

① $m = 0$ になる事象 A と、$m = 1$ になる事象 B
② $m = 0$ になる事象 A と、$n = 1$ になる事象 B
③ $m = 0$ になる事象 A と、$mn = 0$ になる事象 B
④ $m = 0$ になる事象 A と、$m \neq n$ になる事象 B

（解答は p. 302）

●**問題 3-6**（排反と独立）

次の問いに答えてください。

① 事象 A と B が互いに排反ならば、
　事象 A と B は互いに独立であるといえますか。
② 事象 A と B が互いに独立ならば、
　事象 A と B は互いに排反であるといえますか。

（解答は p. 305）

●**問題 3-7**（条件付き確率）

次の問題は、第2章末の問題2-3（p.83）です。この問題を試行、事象、条件付き確率という用語を使って整理した上で解きましょう。

2枚のフェアなコインを順番に投げたところ、少なくとも1枚は表でした。このとき、2枚とも表である確率を求めてください。

（解答は p.307）

●**問題 3-8**（条件付き確率）

12 枚の絵札をよく切って 1 枚を引く試行を考えます。事象 A
と B をそれぞれ、

$$A = 《♡ が出る事象》$$

$$B = 《Q が出る事象》$$

とします。このとき、次の確率をそれぞれ求めてください。

① 事象 A が起きたという条件のもとで、
   事象 A ∩ B が起きる条件付き確率 $\Pr(A \cap B \mid A)$
② 事象 A ∪ B が起きたという条件のもとで、
   事象 A ∩ B が起きる条件付き確率 $\Pr(A \cap B \mid A \cup B)$

（解答は p. 309）

第4章

命に関わる確率

"たとえ A に見えても、実際は A じゃないことがある。"

あなたへの重要な注意

この章では、病気の検査が例として登場します。病気と検査の名称や数値などはすべて架空のものです。

この章に書かれている内容は非常に大切であり、よく理解する必要があります。しかし、この章に書かれていることだけをもとに医学的判断は行わないでください。筆者は医学の専門家ではありません。

医師などの専門家は、この章に書かれているような数学的内容だけではなく、他の情報も加えて総合的に判断をします。あなたが医学的判断を行う場合は、医師などの専門家に必ず相談してください。

4.1 図書室にて

テトラ「あたし、先輩の言葉を思い出していました」

テトラちゃんが出し抜けに話し出した。

僕「僕の言葉？ 何を言ってたっけ」

テトラ「《100回に1回起きる》という表現のことです」

僕「《起きる確率が1%》という話だね。ユーリが言ってたんだ」

テトラ「《100回に1回起きる》と《起きる確率が1%》とは、完全に同じじゃないですよね」

僕「うん、そうだね。起きる確率が1%でも、100回に1回起きるとは限らないからね。でも、100回に1回起きるというのが割合の話なら、それほど違ってもいないかな」

テトラ「割合の話？」

僕「同じ条件で100万回試したら、およそ1万回起きる。実際に100万回は試せないし、厳密に1万回は起きないかもしれない。でも、もしも試したとしたら、約1%の割合で起きるだろう――《100回に1回起きる》がそういうことを意味しているなら、そんなに違ってはいないと思うよ」

テトラ「試せなくても、もしも試したとしたら……」

僕「うん。確率を考えるというのは、全体に対する割合を考えるのとほとんど同じことだよ。たとえば、1人が100万回試すんじゃなくて、100万人の人が1回ずつ試したとする。そう

すると、確率1％で起きる事象は、100万人の約1万人の人数、つまり約1万人について起きるだろうね。それはちょうど、確率を人数の割合に読み替えたみたいになる」

テトラ「なるほど。たくさんの試行の結果がどこに広がるかを想像すればいいんですね。回数に広がるか、人数に広がるか……」

テトラちゃんはそう言って両腕をぱああっと広げた。

僕「うん、そうだ。こんな確率の問題を考えてみよう」

4.2　病気の検査

> **問題 4-1**（病気の検査）
> ある国では、全人口の 1 ％が病気 A に罹^{かか}っているとします。

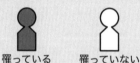

罹っている　　　罹っていない

> 病気 A に罹っているかどうかを調べるために**検査 B** があります。検査結果は、**陽性**^{ようせい}または**陰性**^{いんせい}のどちらかになります。

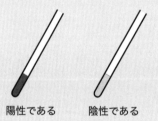

陽性である　　　陰性である

> また、検査結果の確率は、次のようにわかっているとします。
>
> - 罹っている人を検査すると、90 ％で陽性です。
> - 罹っていない人を検査すると、90 ％で陰性です。
>
> 国民の中からランダム^{*1}に選ばれたある人がこの検査 B を受けたところ、検査結果は陽性でした。この人が病気 A に罹っている確率を求めてください。

テトラ「はいっ！ これなら答えはすぐにわかります」

僕「それはすごいな。答えは？」

テトラ「陽性なので、病気 A に罹っている確率は 90 ％です」

僕「うん、そう思いたくなるよね。でも、それは非常によくある
　誤りなんだ」

テトラちゃんの解答 4-1（病気の検査）
この人が、病気 A に罹っている確率は 90 ％です。（誤り）

テトラ「えっ！ 90 ％は誤りなんですか？」

僕「誤りだね。病気 A に罹っている確率は 90 ％じゃない」

テトラ「90 ％じゃない……」

　テトラちゃんは爪を噛みながら考え始めた。

僕「……」

テトラ「先輩？ いろいろ確認してもいいでしょうか。あたし、ど
　うしても、90 ％に思えるんです。だから、あたしの考えのど
　こが間違っているかを確かめたいので……」

僕「もちろん、いいよ。どうぞ」

テトラ「ここでいう ％ は、普通のパーセントですよね？」

---

*1 ランダムに（at random）＝無作為に。でたらめに。

僕「もちろんそうだよ。パーセントはパーセント」

テトラ「だったら……この問題に出てくる《ある人》というのは、
何か特別な人じゃないですよね、まさか」

僕「特別な人って？」

テトラ「たとえば、検査 B がうまく効かない特別な体質を持って
いて……みたいなことはないですよね？」

僕「そんな引っ掛け問題じゃないよ。これは純粋に**確率の問題**な
んだ。《ある人》というのは、この国からランダムに選ばれた
人だから。たとえば、国民全員がフェアなくじ引きをして当
たった人と考えてもいい」

テトラ「……」

僕「その人は病気 A に《罹っている》か《罹っていない》かのど
ちらかで、検査 B で《陽性》か《陰性》のどちらかの結果が
必ず出る」

テトラ「そうですよね。だとしたら、何がおかしいんでしょう。
この検査 B は 90％で本当に正しい検査をするんですよね？」

僕「検査結果の確率は、問題 4-1 の設定通りだよ」

検査 B による検査結果の確率（問題 4-1 からの抜粋）

⋮

- 罹っている人を検査すると、90％で陽性です。
- 罹っていない人を検査すると、90％で陰性です。

⋮

テトラ「そうですよね。あたしの考えと同じです……」

僕「テトラちゃんは、どんなふうに考えたの？」

テトラ「あたしの考えは、すごく当たり前です」

テトラちゃんの考え（誤りが含まれている）

① 検査 B は確率 90％で正しい検査を行います。
② ですから、検査結果が陽性なら、
　　確率 90％で病気 A に罹っています。

僕「この《テトラちゃんの考え》は、いかにも正しそうだよね。
　　でも、誤りが含まれている。①は意味をよく確かめる必要が
　　あるし、②は完全に誤り」

テトラ「ふ、不思議です！　あたしには、この①と②はどちらも、

　　　　一点の曇りもなく正しいように見えるんですけどっ！」

僕「テトラちゃんがそう誤解するということは、世の中の人の多くもそう誤解するんだろうね」

　テトラちゃんは、ゆっくり両手を上げて頭を抱えた。

テトラ「あ、あたしの考えには大きな盲点があるんでしょうか……」

僕「《テトラちゃんの考え》が怪しそうなのはすぐにわかるよ。**《条件をすべて使ったか》** というポリアの問いかけをしよう」

テトラ「条件をすべて使ったか……あたし、何か見逃してます？」

僕「テトラちゃんは、冒頭に出てきた条件を使ってないよね」

問題 4-1 からの抜粋
ある国では、全人口の 1 ％が病気 A に罹っているとします。

$$\vdots$$

テトラ「ははあ……あっ、じゃあ、正解は 90 ％の 1 ％ですね。つまり、正しい確率は 0.9 ％ですか？」

僕「それも違うよ。ねえ、テトラちゃん。いまの答えは、かなり行き当たりばったりじゃない？」

テトラ「は、はい……そうですね。ちゃんと考えませんでした。1 ％という数値を見て機械的に掛けてしまったんです。何も考えずにパッと答えたの、ものすごく恥ずかしいです。テト

ラ、反省しています……」

4.3　正しい検査の意味

僕「うん。じっくり行くことにしよう。テトラちゃんは、検査 B を《確率 90 ％で正しい検査を行う》と表現したよね」

テトラ「はい、そうです」

僕「その《正しい検査》って、どういう意味？」

テトラ「正しい検査というのは、病気 A に罹っている人に対して陽性を示す検査です」

僕「それだけじゃ不十分なんだよ」

テトラ「ええっ！」

僕「正しい検査を考えるときには、病気 A に罹っている人と罹っていない人の両方を考えなくちゃ。つまり——

- 罹っている人には陽性を示す。
- 罹っていない人には陰性を示す。

——というのが正しい検査だよね」

テトラ「あっ……確かにそうです」

> **正しい検査**
>
> ⑦ 病気Aに罹っている人に対しては、陽性を示す。
>
> ⑦ 病気Aに罹っていない人に対しては、陰性を示す。

僕「もしも⑦だけを考えたとする。すると、常に陽性を示すいいかげんな検査B′であっても、それは正しい検査になっちゃうよ」

テトラ「その検査B′は罹っている人が受けても、罹っていない人が受けても、いつでも陽性にしちゃうんですか？ だとしたら、何も検査してないですよね？」

僕「うん。検査B′は何も検査していない。何も調べずに陽性という結果を出すだけ。でも、検査B′は、⑦の《病気Aに罹っている人に対しては、陽性を示す》検査になってる」

テトラ「誰にでも陽性を示すから、病気Aに罹っている人に対しても陽性を示す……確かに。正しい検査というときには、⑦と⑦の両方を考えに入れなくてはいけないんですね」

僕「そうだね」

テトラ「あの……これは言い訳に聞こえるかもしれませんが、あたしは、心の中では、⑦と⑦の両方を考えていたんです。ほんとですよ。でも⑦を言うだけで⑦も言ったことになると勘違いしていました」

僕「そうだね。これは確率とは関係なく、よく起きる勘違いだよ。

『病気 A に罹っている人に対して陽性を示す』という主張は、病気 A に罹っていない人についてはまったく何も言っていないんだ」

テトラ「ところで、あたしが問題 4-1 の答えを誤ったのは、これが原因でしょうか」

僕「そうだね。病気 A に罹っていない人を見逃していたというのは、まさに《全体は何か》でミスをしていたことになるから」

テトラ「なるほどです。でも、あたしはまだ、どこが誤りなのか、何が正解なのかわかっていないんです……」

僕「テトラちゃんは《全体は何か》でもう一つミスをしていたよ。それは、90％の意味だね」

テトラ「90％の意味……」

4.4 90％の意味

僕「さっきは正しい検査の意味を調べたけど、今度は 90％の意味を確かめよう。90％というのは何だろう」

テトラ「90％は、全体が 100 のとき 90 になる割合のことです」

僕「そうだね。90％は、全体を 100 としたときに 90 になる割合のこと。全体を 1 としたときに 0.9 になる割合といっても同じだし、全体を 1000 としたときに 900 になる割合といってもいい」

テトラ「はい、そうですね」

僕「だから、パーセントが出てきたら必ず、必ず、必ず！

　　《全体は何か》

　と問わなくちゃいけない。全体は何かと問う。何を全体として考えているのかと問う。全体、つまり100％が何かわからなければ、パーセントで表されている数の意味もまったくわからないから」

テトラ「はい、それは——それはテトラも理解しているつもりです。パーセントに限らず、割合が出てきたときはいつもそうですよね。学校で割合を学んだとき、先生からもくどいほど言われました。たとえば、《8％値下げ》ならいつの値段を100％としたときの話か、《3割引き》なら何を10割と見なすか、《半額セール》ならもとの値段はいくらか——を考えないと意味がありません」

僕「何気に全部値段だね」

テトラ「あっ、た、たとえばです……」

僕「茶化してごめん。ともかく《全体は何か》と問わなくちゃいけない」

テトラ「はい、でも、あたしは問題4-1で《全体は何か》を誤解していたんでしょうか。検査Bは確率90％で正しい検査をするんですよね。全体は——全体です。そしてそのうちの90％が正しい検査結果になります。違うんですか？」

僕「そこでいう全体を吟味する必要があるんだよ。検査Bによる検査結果の確率はこうだった」

> **検査 B による検査結果の確率**（問題 4-1 からの抜粋）
>
> ⋮
>
> ● 罹っている人を検査すると、90％で陽性です。
> ● 罹っていない人を検査すると、90％で陰性です。
>
> ⋮

テトラ「はい……」

僕「《罹っている人を検査すると、90％で陽性です》というとき 100％は何になるだろう」

テトラ「病気 A に罹っている人全体が 100％ですね！」

僕「そうだね。病気 A に罹っている人の全員を検査 B に掛けたとする。そうすると、そのうちの 90％が陽性になるといえる」

テトラ「はい。検査 B が陽性を示したら、それは 90％で正しい検査なんですが、でも、その 90％は、あくまで――

　　　　病気 A に罹っている人を全体としたとき

　　――なんですね。国民全員を 100％としたときの話じゃなく」

僕「そして、病気 A に罹っている人の誰か 1 人を検査 B に掛けたとする。そうすると、確率 90％で陽性になるといえる」

テトラ「なるほどです……確かにあたし《全体は何か》をしっかり考えていませんでした。問題 4-1 の国民全体には、病気 A

に罹っている人と罹っていない人が混ざっています。混ざっている全体からランダムに選んだ人に対して、検査Bが陽性を示した──」

僕「そういうこと」

テトラ「で、でも、それでも──

- 病気Aに罹っている人全体を100％として、
  検査Bで90％が陽性
- 病気Aに罹っていない人全体を100％として、
  検査Bで90％が陰性

──というのなら、両方とも90％です。病気Aに罹っている人、罹っていない人の両方を考えていますっ！　だから、検査Bで陽性ならやっぱり確率90％で病気Aに罹っているように思えてしょうがありません。どうしても……」

僕「うん、どうしてもそう思っちゃうよね」

テトラ「これは数学の──確率の計算ですよね？　どんな式を立てるんでしょう？」

僕「うん、確率の計算だよ。でも、これだけ混乱しているんだから、すぐに式を立てるんじゃなくて、まずは《全体は何か》を考えよう。そのために──

　　具体的な人数で考える

　──ことにしようよ」

テトラ「具体的な人数で考える……たとえばこの国の人口を100人とする、みたいに？」

僕「そうなんだけど、全体が 100 人だと、病気 A に罹っている人
　　が 100 × 0.01 ＝ 1 人になっちゃうから少なすぎるね」

テトラ「では、全体を 1000 人にしましょう！」

僕「そうだね。この国の人口が 1000 人だとして問題 4-1 を読む。
　　パーセントが出てきたら、具体的な人数に直す。そうすれば、
　　手がかりがつかめるよ」

4.5 1000人で考える

テトラ「やってみます！　まず、全人口を──」

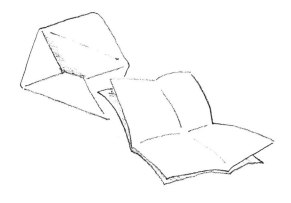

- 全人口を 1000 人とします。
- 全人口 1000 人の 1 ％が病気 A に罹っていますから、

$$\underbrace{1000}_{\text{全人口}} \times \underbrace{0.01}_{1\%} = \underbrace{10}_{\text{罹っている人数}}$$

で、全人口 1000 人のうち、罹っているのは 10 人 です。

- 全人口は 1000 人ですから、

$$\underbrace{1000}_{\text{全人口}} - \underbrace{10}_{\text{罹っている人数}} = \underbrace{990}_{\text{罹っていない人数}}$$

で、全人口 1000 人のうち、罹っていないのは 990 人 です。

- 罹っている人を検査すると、90 ％で陽性ですから、
  罹っている 10 人全員を検査すると、

$$\underbrace{10}_{\text{罹っている人数}} \times \underbrace{0.9}_{90\%} = \underbrace{9}_{\text{罹っていて陽性の人数}}$$

で、罹っている 10 人のうち、9 人が陽性 となります。

- 罹っていない人を検査すると、90 ％で陰性ですから、
  罹っていない 990 人全員を検査すると、

$$\underbrace{990}_{\text{罹っていない人数}} \times \underbrace{0.9}_{90\%} = \underbrace{891}_{\text{罹っていなくて陰性の数}}$$

で、罹っていない 990 人のうち、891 人が陰性 となります。

僕「だいぶ進んだね」

テトラ「全人口を 1000 人として計算したので、問題 4-1 の《パーセント》という単位は全部《人》という単位に変わりました。ほとんどの人が、病気 A に罹っていなくて検査 B で陰性なんですね。全人口 1000 人のうち 891 人ですから」

僕「そうだね。全体のようすをもっとはっきり知るために——」

テトラ「**表を作る**んですね！」

僕「それがいいよね。そうすれば間違いが少なくなる」

4.6 表を作る

テトラ「全人口を 1000 人とすると、人数はこうなりました。

- 病気 A に罹っているのは 10 人。
- 病気 A に罹っていないのは 990 人。
- 病気 A に罹っていて検査 B で陽性なのは 9 人。
- 病気 A に罹っていなくて検査 B で陰性なのは 891 人。

これを表にするんですよね？」

僕「うん。病気 A に罹っているか否かと、検査 B の結果が陽性になるか否かで分類した表にしよう。その表では、

- 病気 A に《罹っている》と《罹っていない》
- 検査 B で《陽性である》と《陰性である》

を明確に区別することが大事。うん、ポリアの《問いかけ》

を使おう。《適当な記号を導入せよ》」

- 病気 A に罹っていることを A で表し、
  罹っていないことを $\overline{A}$ で表す。
- 検査 B の結果が陽性であることを B で表し、
  陰性であることを $\overline{B}$ で表す。

テトラ「なるほど。こういう表になります」

	陽性 B	陰性 $\overline{B}$	合計
罹っている A	9		10
罹っていない $\overline{A}$		891	990
合計			1000

僕「そして……」

テトラ「はいはい、ああ、残りも簡単に埋まりますねっ！」

	陽性 B	陰性 B̄	合計
罹っている A	9	1	10
罹っていない Ā	99	891	990
合計	108	892	1000

問題 4-1 を人口 1000 人として考えた表

僕「うんうん、これで僕たちは、問題 4-1 の全体を見ていることになる。あくまで人口を 1000 人とした場合だけどね」

テトラ「すべて人数になるので具体的でわかりやすいですね」

僕「そうだね。問題 4-1 を解くために僕たちが知りたいのは、

    検査 B で陽性になる人は何人で、
    そのうち、病気 A に罹っている人は何人か

ということになる。この表を見ればすぐにわかるよ」

テトラ「検査 B で陽性の人の合計は $9 + 99 = 108$ 人です。そして、その 108 人のうち、実際に病気 A に罹っている人は 9 人です。ですから、

    検査 B で陽性になる人は 108 人で、
    そのうち、病気 A に罹っている人は 9 人

ということになりますっ！」

テトラちゃんは、にこにこして答えを宣言した。

僕「それで？」

テトラ「それで？」

僕「これで僕たちは実質的に問題 4-1 を解ける」

　　検査 B で陽性の人を 100％としたとき、
　　そのうち、病気 A に罹っている人は何％かな？

テトラ「ああ、そうですね。陽性の検査結果が出る人のうち、罹っている人の割合は、

$$\frac{9}{108} = \frac{1}{12} = 0.0833\cdots$$

で、約 8.3％に……え、えええええっ？」

僕「その比率が確率でもある。求める確率は、

$$\frac{\text{陽性で、しかも病気 A に罹っている人数}}{\text{陽性の人数}} = \frac{1}{12}$$

となる。陽性という検査結果が出たとき、実際に罹っている確率は約 8.3％ということだね」

> **解答 4-1** （病気の検査）
> ある国では、全人口の 1 ％が病気 A に罹っているとします。病気 A に罹っているかどうかを調べる検査 B があり、検査結果は、陽性または陰性のどちらかになります。また、検査結果の確率は、次のようにわかっているとします。
>
> ● 罹っている人を検査すると、90 ％で陽性です。
> ● 罹っていない人を検査すると、90 ％で陰性です。
>
> 国民の中からランダムに選ばれたある人がこの検査 B を受けたところ、検査結果は陽性でした。この人が病気 A に罹っている確率は $\frac{1}{12}$（約 8.3 ％）です。

テトラ「え？？？？？？？？？？？？？？」

僕「ずいぶんたくさん疑問符出たねえ」

4.7　とんでもない誤り

テトラ「これは変です。約 8.3 ％なんて、小さすぎますようっ！あ、でもこれは 1000 人だと考えたから——でしょうか？」

僕「そんなことないよ。人口が何人であっても、結果はまったく同じ。だって、全人口を N 人とするなら、さっきの表に出てくる人数がすべて N/1000 倍になるだけだから。人数の比を取ったら確率はやっぱり $\frac{1}{12}$ で、約 8.3 ％だよ」

　テトラちゃんは、首をぶんぶんと振る。

テトラ「だって、あたし、さっき、罹っている確率を90％だと
　　思ったんですよ!!　正解が約8.3％なのに90％と答えるなん
　　て……あたしは**とんでもない誤り**をしてましたっ！」

僕「そうだよね。これは多くの人が間違うことで有名な問題なん
　　だ。しかも、とんでもなく大きな誤りになることがある」

テトラ「そんな……そんな……」

僕「確率の計算をまちがえると、こんなにかけ離れた値になって
　　しまう。恐い話だよ。この問題4-1はあくまでも架空の問題
　　だけど、これと似たような状況は世の中によくあるはず。何
　　かの病気に罹っている確率がわかっていて、陽性か陰性かを
　　調べる検査がある。そして検査結果が 陽性 になったとする」

テトラ「その検査結果を見て、その病気に 罹っているかどうか を
　　判断するわけですよね」

僕「そうだね。確率の計算ができないと、約8.3％を90％だと勘
　　違いする。もちろん、現実の世界での数値は違うだろうけれ
　　ど、考え方は同じ」

テトラ「それって《命》に関わる判断かもしれませんよね……」

僕「そうなんだよ。だから、確率を理解することはとても大事に
　　なる。実際には、確率の計算だけじゃなくて、たくさんの情
　　報を考慮するだろうけど、でも少なくとも、確率を理解して
　　おくことは必要だよね」

テトラ「いったい、どこから、そんなに大きな違いが生まれてし
　　まったんでしょうか？」

僕「テトラちゃんの誤りと、正解とを比べてみよう」

テトラ「90％と約 8.3％を比べるんですか？」

僕「うん。《表で考える》ことにしよう。表のどこに出てくるか
を比べるんだ」

4.8 表で考える

テトラ「はい。あたしは最初 90％と答えてしまいました。それ
は、罹っている人の 90％が陽性になるからです。表でいう
と、ここですね」

	陽性 B	陰性 B̄	合計
罹っている A	9	1	10
罹っていない Ā	99	891	990
合計	108	892	1000

罹っている人のうち、陽性になる人は 90％

$$\frac{9}{9+1} = \frac{9}{10} = 0.9 = 90\%$$

僕「そうなるね。罹っている人が陽性になる確率は、その人数比
に等しい」

テトラ「でも、実際に求めるべきだったのはここです」

	陽性 B	陰性 B̄	合計
罹っている A	9	1	10
罹っていない Ā	99	891	990
合計	108	892	1000

陽性になっている人のうち、罹っている人は約 8.3 %

$$\frac{9}{9+99} = \frac{9}{108} = \frac{1}{12} = 0.833\cdots = 約\,8.3\,\%$$

僕「その通りだね。テトラちゃんが《全体は何か》を大きく誤解していたのがはっきりわかる。あ、ごめんね」

テトラ「いえいえ、その通りです。あたし、スッキリしました。自分の考えの《どこ》がまちがっていたのかハッキリしたからです！」

僕「自分の誤りをハッキリさせるテトラちゃんは偉いね」

テトラ「あたし、どうして正しい確率が約 8.3 %と小さくなるのか、わかりました。この問題 4-1 では、《罹っていないのに陽性になる 99 人》が、とても多いんですよ。それは、

$$\frac{9}{9+\boxed{99}}$$

にある 99 のせいです。分母が大きくなってしまうので、確
率が小さくなるんです」

	陽性 B	陰性 B̄	合計
罹っている A	9	1	10
罹っていない Ā	**99**	891	990
合計	108	892	1000

罹っていないのに陽性になる 99 人

僕「うんうん」

テトラ「……はい、そして、どうしてここが大きくなるかというと、そもそも病気 A に罹っていない人がすごく多いからなんです。だから、もしも全員に検査をしたなら、罹ってないのに陽性になる人が多くなってしまうんです」

僕「なるほど、偽陽性（ぎようせい）が多くなるんだね」

テトラ「偽陽性？」

4.9　偽陽性と偽陰性

僕「偽りの陽性——つまり、罹っていないのに陽性になるのが偽陽性。罹っているのに陰性になるのが偽陰性。正しい検査結

果といえるのは真陽性と真陰性」

真陽性　罹っていて、検査結果が正しく陽性になる場合
偽陽性　罹っていないのに、検査結果が誤って陽性になる場合
真陰性　罹っていなくて、検査結果が正しく陰性になる場合
偽陰性　罹っているのに、検査結果が誤って陰性になる場合

	陽性 B	陰性 B̄
罹っている A	真陽性	偽陰性
罹っていない Ā	偽陽性	真陰性

テトラ「名前がちゃんとあるんですね。正しい結果となるのが二種類あるように、誤った結果となるのも二種類ある。罹っていない人数が多いと、その偽陽性の人数も多くなる——そのときは要注意ということですね」

僕「要注意……それはどういう意味だろう」

テトラ「要注意というのは、陽性だからといって罹っている確率が高いとはいえないという意味です」

僕「そうだね。でも現実の世界に当てはめるのはなかなか難しそうだ。自分が陽性になったとしても、自分はランダムに選ばれて検査を受けているのか、それとも罹っているかもしれないという疑いが濃厚だから検査を受けているのか——それに

　　　　よってどう判断すべきかが変わるってことだから」

テトラ「それはそうですね……でも、どうであったとしても確率
　　　の理解が大切だというのはわかりました」

僕「全員を検査したとすると、罹っていない人が極端に少ないな
　　　ら、偽陽性は多くなって偽陰性は少なくなる……まあ、それ
　　　は当然か」

テトラ「あたし思うんですが、偽陽性と偽陰性とでは意味がずい
　　　ぶん違いますよね」

僕「うん？」

テトラ「偽陽性は、実際には罹っていないのに検査結果が陽性と
　　　なったものです。『うわっ、陽性になった』となったら、実際
　　　に罹っているかどうかを確かめるため、入院して詳しい検査
　　　をしたり、適切な診療を受ければいいことになります」

僕「うん、そうだね。検査の結果が陽性だとしても、実は偽陽性
　　　かもしれないから」

テトラ「それに対して偽陰性は、実際には罹っているのに検査結
　　　果が陰性となったものです。『やった、陰性だった』となって
　　　も、よかったよかったとはいえません。だって、自分は罹っ
　　　ていないと考えて安心してしまうことになりますから。実際
　　　には罹っているのに病気を見逃すことになります……」

僕「うーん……確かに、病気を見逃してほしくないって気持ちは
　　　わかるけど……」

テトラ「偽陰性よりも、偽陽性の方がありがたいです。偽陰性は
　　　かなりまずいと思います」

僕「うーん、でもね、偽陽性だってまずいよ。実際に罹っていな
　　いのに入院してあれこれ治療することになるかもしれない
　　から。それをありがたいとは言えないなあ。それに、偽陽性
　　になった人がたくさんいたら、入院して詳しい検査をしなく
　　ちゃいけない人が大量に発生することになるかもしれない。
　　それはまた別の問題を生んでしまいそうだ。単純に良し悪し
　　はいえないし、そもそも偽陽性と偽陰性の良し悪しなんて比
　　較してもいいんだろうか？」

テトラ「なるほど……難しいですね」

4.10　条件付き確率

　僕とテトラちゃんはしばらく表を眺める。

僕「表にまとめると、全体のようすがよくわかるよね」

テトラ「はい。この表で、検査 B が正しい検査を行っている部
　　　分はここになります。正しい検査結果を出している合計は
　　　$9 + 891 = 900$ 人です……もちろん 1000 人の 90 ％です」

	陽性 B	陰性 B̄	合計
罹っている A	9	1	10
罹っていない Ā	99	891	990
合計	108	892	1000

検査 B が正しい検査結果を出す部分

僕「うんうん、そこだね」

テトラ「あたしは、二つの割合を区別できなかった——と言えそうです」

- 病気 A に罹っている人のうち、
  検査 B で陽性になる人の割合
- 検査 B で陽性になる人のうち、
  病気 A に罹っている人の割合

僕「それは二つの条件付き確率を区別できなかったともいえるね」

- 事象 A が起きたという条件のもとで、
  事象 B が起きる条件付き確率、つまり $\Pr(B \mid A)$
- 事象 B が起きたという条件のもとで、
  事象 A が起きる条件付き確率、つまり $\Pr(A \mid B)$

テトラ「え？」

僕「え？　そうだよね。$\Pr(B \mid A)$ と $\Pr(A \mid B)$ の違いだよ」

テトラ「そ、そういうことになるんですか？」

僕「そうだよ。じゃあ、問題 4-1 を解きほぐしてみよう。つまり、どんな**試行**を行うと見なすか。そのときどんな**事象**があるかを考えるんだ」

テトラ「わかりました」

僕「《表で考える》と共に《式で考える》ことができるよ」

問題4-1（病気の検査、再掲）
ある国では、全人口の1％が病気Aに罹っているとします。

罹っている

罹っていない

病気Aに罹っているかどうかを調べるために**検査B**があります。検査結果は、**陽性**または**陰性**のどちらかになります。

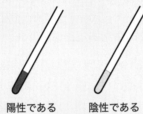

陽性である   陰性である

また、検査結果の確率は、次のようにわかっているとします。

- 罹っている人を検査すると、90％で陽性です。
- 罹っていない人を検査すると、90％で陰性です。

国民の中からランダムに選ばれたある人がこの検査Bを受けたところ、検査結果は陽性でした。この人が病気Aに罹っている確率を求めてください。

僕「まずは試行だね」

テトラ「はい。この問題では《ある人を選んで検査 B で調べる》 ことを試行と見なせます」

僕「そうだね。偶然に支配されていて、何度も繰り返せるサイコ ロやコイン投げ、くじ引き、それから問題 4-1 のように何か を検査すること、それらはどれも試行といえる」

テトラ「次は事象です。《ある人を選んで検査 B で調べる》試行 を行ったときに起きることが事象です。

- 《病気 A に罹っている》のが事象 A
- 《病気 A に罹っていない》のが事象 $\overline{A}$
- 《検査 B が陽性である》のが事象 B
- 《検査 B が陰性である》のが事象 $\overline{B}$

とすればいいですね。《罹っている》と《罹っていない》は排 反で、《陽性である》と《陰性である》も排反になります。つ まり、これが成り立ちます」

$$A \cap \overline{A} = \varnothing$$
$$B \cap \overline{B} = \varnothing$$

僕「この場合は、全事象を U としてこれも成り立つよ。

$$A \cup \overline{A} = U$$
$$B \cup \overline{B} = U$$

$\overline{A}$ と $\overline{B}$ はそれぞれ A と B の余事象だから」

テトラ「これは、必ず《罹っている》と《罹っていない》のどちら かであるし、必ず《陽性》と《陰性》のどちらかである、と いってるわけですね」

僕「これで A, $\overline{A}$ と B, $\overline{B}$ という事象が表せたから、問題 4-1 の確率を列挙していこう。**《与えられているものは何か》**を明確にしていくんだね。たとえば《病気 A に罹っている人は全人口の 1 %》だから、

$$\text{Pr}(A) = 0.01$$

になる」

テトラ「あっあっ、テトラがやります。人口の割合を確率として読み替えていくわけですね。検査 B は、

⑤ 病気 A に罹っている人に対して、
　　確率 90 %で《陽性》を示す。

という性質があります。これは、

$$\text{Pr}(B \,|\, A) = 0.9$$

と表せます。それは、

● 病気 A に罹っているという条件のもとで、
　検査 B が陽性になる条件付き確率が 90 %

ですから」

僕「うん、いいよ。こっちはどうかな」

⑥ 病気 A に罹っていない人に対して、
　　確率 90 %で《陰性》を示す。

テトラ「できますよ。余事象を使うんですよね。

$$\text{Pr}(\overline{B} \,|\, \overline{A}) = 0.9$$

と表せます。それは、

- 病気 A に罹っていないという条件のもとで、
  検査 B が陰性になる条件付き確率が 90 ％

ですから。A, $\overline{\text{A}}$, B, $\overline{\text{B}}$ と書けば、すっきりします」

僕「うん、だからテトラちゃんは、

- 事象 A が起きたという条件のもとで、
  事象 B が起きる条件付き確率、つまり $\text{Pr}(\text{B} \,|\, \text{A})$
- 事象 B が起きたという条件のもとで、
  事象 A が起きる条件付き確率、つまり $\text{Pr}(\text{A} \,|\, \text{B})$

の二つを誤解していたんだね」

テトラ「確かに、そうなりますね。あたしは $\text{Pr}(\text{B} \,|\, \text{A})$ を考えて 90 ％と答えましたが、実際は $\text{Pr}(\text{A} \,|\, \text{B})$ で約 8.3 ％になった……これで、はっきりしました！」

4.11　ミルカさん

　僕たちが話しているところに、**ミルカさん**がやってきた。
　彼女は僕のクラスメート。
　僕、テトラちゃん、そしてミルカさん。僕たち三人は、放課後の図書室でいつも数学トークを繰り広げる仲間なのだ。

ミルカ「今日は、どんな数学？」

僕「偽陽性と偽陰性だよ」

ミルカ「ふうん……条件付き確率か」

ミルカさんは長い黒髪を揺らし、ノートをのぞき込む。

テトラ「あたし、計算はできたんですが、条件付き確率だということになかなか気付かなかったんです」

ミルカ「条件が入れ替わる」

ミルカさんはメタルフレームの眼鏡の前で V サインを作り、それをひらりと反転する。

テトラ「そうです、そうですっ！　数式だと $\Pr(B|A)$ と $\Pr(A|B)$ が違うって気がつきやすいですが、

- 病気 A に罹っている人のうち、
  検査 B で陽性になる人の割合
- 検査 B で陽性になる人のうち、
  病気 A に罹っている人の割合

のように言葉で表したときは、なかなか区別が付きません」

ミルカ「二つの条件付き確率 $\Pr(B\,|\,A)$ と $\Pr(A\,|\,B)$ は違う。では、この二つにはどんな関係があるか」

テトラ「どんな関係……ですか？」

僕「どんな関係と言われてもあいまいだよね」

ミルカ「そう？　だったら、問題の形にしよう」

4.12　二つの条件付き確率

問題4-2（二つの条件付き確率）

$\Pr(A)$ と $\Pr(B)$ と $\Pr(B \mid A)$ を使って、$\Pr(A \mid B)$ を表せ。

テトラ「$\Pr(A)$ と $\Pr(B)$ と $\Pr(B \mid A)$ で $\Pr(A \mid B)$ を表す……」

僕「うん？」

　僕は、頭の中で数式を思い浮かべる……なるほど、そうか。

ミルカ「どう？」

僕「わかったよ。難しくない」

テトラ「え……テトラにもわかりそうですか？」

ミルカ「テトラなら、条件付き確率の定義からすぐにわかる」

僕「《定義にかえれ》だね」

テトラ「条件付き確率の定義は、こうですよね」

$$\begin{cases} \Pr(A \mid B) = \dfrac{\Pr(B \cap A)}{\Pr(B)} \\[3mm] \Pr(B \mid A) = \dfrac{\Pr(A \cap B)}{\Pr(A)} \end{cases}$$

　テトラちゃんは定義をにらみ、しばらく無言になる。そして

ノートに何かを書き始めた。

　僕はちょっと意外だった。ここまで書けたなら、すぐに答えまで行けそうなのに——でも、それは僕がすでに気付いた後だからなのかもしれない。

　未知への挑戦は、新たな道への挑戦だ。最初の一歩は難しい。

テトラ「できましたっ！　こうですね」

　テトラちゃんが僕たちにノートを見せた。

僕「これは——表を図案化したの？」

$$A = \blacksquare, \ B = \blacksquare, \ U = \blacksquare$$

テトラ「そうです。式を考えてごちゃごちゃしちゃったので、こんなふうに図にして考え直すことにしたんです。

$$A = {}^{\ \ B\ \bar{B}}_{\substack{A\\ \bar{A}}}\blacksquare, \ B = {}^{\ \ B\ \bar{B}}_{\substack{A\\ \bar{A}}}\blacksquare, \ U = {}^{\ \ B\ \bar{B}}_{\substack{A\\ \bar{A}}}\blacksquare$$

これは事象 A と事象 B と全事象 U のつもりです。確率も描けましたよ」

$$\Pr(A) = \frac{\blacksquare}{\blacksquare}, \ \Pr(B) = \frac{\blacksquare}{\blacksquare}, \ \Pr(A \cap B) = \frac{\blacksquare}{\blacksquare}$$

僕「なるほどね。確かにこれでいいね」

ミルカ「テトラは条件付き確率もこれで押すつもりなのか。楽しいな」

テトラ「はいはい、そうですっ！ 全事象で約分できるんですよ」

$$\Pr(A \mid B) = \frac{\Pr(B \cap A)}{\Pr(B)} = \frac{\dfrac{\blacksquare}{\blacksquare}}{\dfrac{\blacksquare}{\blacksquare}} = \frac{\blacksquare}{\blacksquare}$$

$$\Pr(B \mid A) = \frac{\Pr(A \cap B)}{\Pr(A)} = \frac{\dfrac{\blacksquare}{\blacksquare}}{\dfrac{\blacksquare}{\blacksquare}} = \frac{\blacksquare}{\blacksquare}$$

僕「確かに何だか楽しくなってくるね」

テトラ「これで二つの条件付き確率が得られました。

$$\Pr(A \mid B) = \frac{\blacksquare}{\blacksquare}, \quad \Pr(B \mid A) = \frac{\blacksquare}{\blacksquare}$$

$\Pr(A)$ と $\Pr(B)$ の他に逆数 $\frac{1}{\Pr(B)}$ も作りました。

$$\Pr(A) = \frac{\blacksquare}{\blacksquare}, \quad \Pr(B) = \frac{\blacksquare}{\blacksquare}, \quad \frac{1}{\Pr(B)} = \frac{\blacksquare}{\blacksquare}$$

あとは、うまく約分するように組み合わせるだけですっ！

$$\frac{\blacksquare}{\blacksquare} = \frac{\blacksquare}{\blacksquare} \cdot \frac{\blacksquare}{\blacksquare} \cdot \frac{\blacksquare}{\blacksquare}$$

$$\Pr(A \mid B) = \Pr(B \mid A) \cdot \Pr(A) \cdot \frac{1}{\Pr(B)}$$

これで、答えが出ました。あたし、これは正しい答えだと思います！」

ミルカ「正解」

僕「ああ……なるほど。僕はこう書いてたけど、同じことだね」

解答 4-2

$$\Pr(A \mid B) = \frac{\Pr(A)\Pr(B \mid A)}{\Pr(B)}$$

テトラ「確かに同じですね。先輩はどうやって計算したんですか？」

僕「テトラちゃんが書いてくれた条件付き確率の定義をよく見たんだ。すると、両方に登場するものがあった。

$$\Pr(A \mid B) = \frac{\Pr(B \cap A)}{\Pr(B)}$$

$$\Pr(B \mid A) = \frac{\Pr(A \cap B)}{\Pr(A)}$$

この二つは等しいよね。だって $B \cap A = A \cap B$ だから。それに気がつけば、乗法定理を使って式変形していけばいいとわかる。

$$\Pr(A \mid B) = \frac{\Pr(B \cap A)}{\Pr(B)} \qquad \text{条件付き確率の定義から}$$

$$= \frac{\Pr(A \cap B)}{\Pr(B)} \qquad B \cap A = A \cap B \text{ から}$$

$$= \frac{\Pr(A) \Pr(B \mid A)}{\Pr(B)} \qquad \text{乗法定理から}$$

これで、

$$\Pr(A \mid B) = \frac{\Pr(A) \Pr(B \mid A)}{\Pr(B)}$$

が得られた」

テトラ「あらら、それだけでよかったんですね。あたし、壮大な回り道してました……」

僕「でも、楽しかったよ」

ミルカ「二つの条件付き確率で、条件を入れ替える定理。これを**ベイズの定理**と呼ぶ」

> **ベイズの定理**
>
> 事象 A と B について次式が成り立つ。
>
> $$\Pr(A \mid B) = \frac{\Pr(A)\,\Pr(B \mid A)}{\Pr(B)}$$
>
> ただし、$\Pr(A) \neq 0, \Pr(B) \neq 0$ とする。

僕「ベイズの定理……どこかで聞いたことがあるよ」

ミルカ「さらに、**全確率の定理**を使えば、こんな式も成り立つ」

$$\Pr(A \mid B) = \frac{\Pr(A)\,\Pr(B \mid A)}{\Pr(A)\,\Pr(B \mid A) + \Pr(\overline{A})\,\Pr(B \mid \overline{A})}$$

テトラ「えっ、あっ、ええっ？」

僕「うん……これは？」

テトラ「あたしにはこれ、すさまじく難しい式に見えるんですが、ミルカさん、こういうのは暗記していらっしゃるんですか？」

ミルカ「ベイズの定理の分母 $\Pr(B)$ を全確率の定理で分解しただけだよ、テトラ」

全確率の定理

事象 A と B について、次式が成り立つ。

$$\Pr(B) = \Pr(A)\Pr(B\,|\,A) + \Pr(\overline{A})\Pr(B\,|\,\overline{A})$$

ただし、$\Pr(A) \neq 0, \Pr(\overline{A}) \neq 0$ とする。

僕「……なるほど、読み解けたよ」

テトラ「あたしには難しいです……」

ミルカ「いや違う。今のテトラなら、これもすぐに証明できるはず」

テトラ「か、考えてみますっ！[*2]」

"たとえ A に見えなくても、実際は A のことがある。"

[*2] 問題 4-4（p.189）参照。

第4章の問題

●**問題 4-1**（常に陽性になる検査）

検査 B′ は、検査結果が常に陽性となる検査です（p.154 参照）。検査対象となる u 人のうち、病気 X に罹っている人の割合を p とします（0 ≦ p ≦ 1）。u 人全員が検査 B′ を受けたときの㋐〜㋕の人数を u と p を使って書き、表を埋めてください。

	罹っている	罹っていない	合計
陽性	㋐	㋑	㋐ + ㋑
陰性	㋒	㋓	㋒ + ㋓
合計	㋔	㋕	u

（解答は p.312）

●**問題 4-2**（出身校と男女）

ある高校のクラスには、生徒が男女合わせて u 人おり、どの生徒も A 中学と B 中学どちらかの出身です。A 中学出身者 a 人のうち男性は m 人です。また、B 中学出身者である女性は f 人です。クラスの生徒全員からくじ引きで1名を選んだところ、その生徒は男性でした。この生徒が B 中学出身である確率を u, a, m, f で表してください。

（解答は p. 313）

●**問題 4-3**（広告効果の調査）

広告効果を調べるため、客に「広告を見たかどうか」を尋ね、男女合わせて u 人から回答を得ました。男性 M 人のうち、広告を見たのは m 人でした。また、広告を見た女性は f 人でした。このとき、次の p_1, p_2 をそれぞれ求め、u, M, m, f で表してください。

① 回答した女性のうち、広告を見なかったと回答した女性の割合 p_1
② 広告を見なかったと回答した客のうち、女性の割合 p_2

p_1 と p_2 は0以上1以下の実数とします。

（解答は p. 315）

●**問題 4-4**（全確率の定理）

事象 A と B について、$\Pr(A) \neq 0, \Pr(\overline{A}) \neq 0$ ならば次式が成り立つことを証明してください。

$$\Pr(B) = \Pr(A)\Pr(B \mid A) + \Pr(\overline{A})\Pr(B \mid \overline{A})$$

（解答は p. 316）

●**問題 4-5**（不合格品）

A_1, A_2 という二つの工場があり、どちらも同じ製品を製造しています。製造数の割合は工場 A_1, A_2 についてそれぞれ r_1, r_2 です（$r_1 + r_2 = 1$）。また、工場 A_1, A_2 の製品が不合格品である確率はそれぞれ p_1, p_2 です。製品全体からランダムに 1 個を選んだ製品が不合格品である確率を r_1, r_2, p_1, p_2 を使って表してください。

（解答は p. 319）

●**問題 4-6**（検査ロボット）

大量の部品があり、そのうち品質基準を満たしている適合品は 98 ％で、不適合品は 2 ％であるとします。検査ロボットに部品を与えると、GOOD または NO GOOD のいずれかの検査結果を次の確率で出すとします。

- 適合品が与えられた場合、
  確率 90 ％で検査結果が GOOD になる。
- 不適合品が与えられた場合、
  確率 70 ％で検査結果が NO GOOD になる。

ランダムに選んだ部品を検査ロボットに与えたところ、検査結果は NO GOOD でした。この部品が実際に不適合品である確率を求めてください。

（解答は p. 321）

第5章

未完のゲーム

"未来は未知だが、完全な未知ではない。"

5.1 《未完のゲーム》

ここは高校の図書室。いまは放課後。

僕が数学の勉強をしていると、テトラちゃんがやってきた。

歩きながら、手に持った紙を熱心に読んでいる。

僕「テトラちゃん？」

テトラ「あっ、先輩！ 村木先生から**問題**が来ましたよ！」

テトラちゃんは僕の隣に座り《カード》の問題を読み上げる。

> **村木先生の《カード》**
> AとBの二人が、フェアなコインを繰り返し投げるゲームをします。最初はどちらの得点も0点です。
>
> - 表が出たら、Aの得点が1点増えます。
> - 裏が出たら、Bの得点が1点増えます。
>
> 3点を先取した方が勝利で、勝利者は賞金を総取りします。ところが——

僕「ああ、《未完のゲーム》だね。有名な確率の問題だ」

テトラ「あっ、まだ問題は途中です」

僕「おっと、ごめん。最後までちゃんと聞くよ」

テトラ「はい。では改めて——」

村木先生の《カード》（全文）

A と B の二人が、フェアなコインを繰り返し投げるゲームを
します。最初はどちらの得点も 0 点です。

- 表が出たら、A の得点が 1 点増えます。
- 裏が出たら、B の得点が 1 点増えます。

3 点を先取した方が勝利で、勝利者は賞金を総取りします。
ところが、ゲームを中断することになり、賞金を A と B の
二人で分けることになりました。中断した時点で、

- A の得点は 2 点です。
- B の得点は 1 点です。

A と B は、それぞれどれだけの割合で賞金を受け取るのが適
切でしょうか。

僕「うん、やっぱり《未完のゲーム》の問題だ」

テトラ「そんなに有名な問題なんですか」

僕「そうだね。何しろ確率というものを数学的に分析しようとし
た歴史的な問題だから。《未完のゲーム》の問題、メレの問
題、得点の問題など、いろんな名前がある」

テトラ「そうなんですね」

僕「メレ[1]というのはギャンブラーで、この問題と本質的に同じ

---

[1] シュヴァリエ・ド・メレ, Chevalier de Méré

問題を友人である**パスカル**[*2]に尋ねた」

テトラ「パスカルさんに確率の計算をしてもらったわけですか」

僕「そうなんだけど、確率の計算とは呼ばなかっただろうね」

テトラ「どうしてでしょう」

僕「数学的な意味の《確率》という言葉は、パスカルの時代にはまだなかったからだよ」

テトラ「ああ……！」

僕「つまり、運や偶然というものをどうすれば系統立てて考えることができるか、そのころはまだはっきりしていなかった。パスカルは答えを出すことができたけれど、不安だったので**フェルマー**[*3]に手紙を書いた。その手紙のやりとりは、確率という数学が生まれるための大きな一歩となった……というくらいしか僕は知らないなあ[*4]」

テトラ「フェルマーって……あのフェルマーさん？」

僕「そう、『フェルマーの最終定理』のフェルマー」

テトラ「これって、そんなにすごい問題だったんですね！」

僕「うん。確率という概念がはっきりと整備されていないときに確率について考えるのは大変だっただろうね。でも、この問題は、少し確率を学んだ僕たちにはそれほど難しくない」

[*2] ブレーズ・パスカル, Blaise Pascal（1623–1662）
[*3] ピエール・ド・フェルマー, Pierre de Fermat（1607–1665）
[*4] 参考文献 [1]『世界を変えた手紙』参照。

テトラ「はい、あたしもさっき確率を考えていました」

僕「ただ、いまのままだと数学の問題としては難点があるかなあ。特に、この部分」

> AとBは、それぞれどれだけの割合で賞金を受け取るのが適切でしょうか。

テトラ「難点といいますと？」

僕「賞金をどう分けるのが適切か──これではまだ数学の問題として解くことはできないよね。《適切》とはどういう意味かを定義しなくちゃいけないから。もちろん、《何が適切か》まで含めて考えることは、現実の問題として意味があるけれど」

テトラ「……ちょっとよくわかりません」

5.2 さまざまな分配方法

僕「あ、いや、そんな難しい話じゃないよ。ゲームを中断したとき、AとBの得点はそれぞれ2点と1点だった。3点先取した方が勝って賞金を総取りするというルールだったけど、どちらもまだ3点は取っていない」

テトラ「はい……

- 2点を取ったAは、あと1点取れば勝ちます。
- 1点を取ったBは、あと2点取れば勝ちます。

……ということですね」

僕「この状況で賞金をどう分けるのが《適切》か——といっても、賞金の分配方法は一つとは限らないよね。たとえば、高得点を取っているAは高得点者の総取りを主張するかも」

高得点者が総取りする方法（Aの主張例）
私（A）は2点取った。あなた（B）は1点しか取っていない。ここで中断するなら、得点が高い私が総取りするのが《適切》な方法だ。

テトラ「あっ、でも、それはひどいですよね。中断せずにゲームを続けたら、コインの裏面が2回続けて出るかもしれません。そうすればBは、1点に2点をプラスして3点先取で勝ちます。つまり、Bが賞金を総取りする未来だってありえます。**未来はどうなるかわからない**んですから、たとえ中断するとしてもAが総取りするのはちょっとひどいですっ！」

僕「もちろん、そうだね。でもAの主張もわかる」

テトラ「そうですけど……」

僕「うん、それに、高得点者が総取りするのは分配する方法としては問題があるんだ。もしも、中断時に同点だったらどうするかという問題。同点だと得点が高い方が決まらないから賞

金が分配できないよね」

テトラ「中断時にもしも同点だったら山分け、つまりちょうど半分ずつに分配する方法がいいです」

僕「うん、そうだね。それは、ここまでに取った得点の割合で賞金を分配しているのだと考えることもできる。そこで、B はこう主張するかもしれない」

得点の割合で分配する方法（B の主張例）
君（A）は 2 点取った。僕（B）は 1 点取った。ここまでに取った得点の割合で賞金を分配しよう。つまり $A : B = 2 : 1$ で分配する。君は賞金の $\frac{2}{3}$ を取り、僕は賞金の $\frac{1}{3}$ を取る。これが《適切》な方法だ。

テトラ「それには反論しにくいですね。だって確かに A は 2 点、B は 1 点を取っています。それはゆるぎない事実です。そのゆるぎない事実をもとにして分配しようとしていますから。それに得点が多い方が勝つ可能性が高いですし……」

僕「でもね、得点の割合で分配する方法にも問題はあるんだ。もしも、A が 2 点、B が 0 点で中断するとしよう。その場合、A が $\frac{2}{2}$ の総取り。B は $\frac{0}{2}$ で賞金をもらえない。それも変だよね。もしも中断せずに続けたとしたら、0 点だった B がそこから勝つ可能性だってあるわけだから」

テトラ「そう言われればそうですね。やはり《適切》を明確に定めないといけません」

僕「さっきから僕たちは《勝つ可能性》を考えている。僕たちが持っているのは、《ゲームを続けたなら勝つ可能性が高い方》が多くの賞金を得る方がいい——という感覚だと思う」

テトラ「はいはい、あたしもそう思います」

僕「そう考えると、A が勝つ確率と、B が勝つ確率をそれぞれ計算して、勝つ確率で賞金を分配する方法が考えられる」

勝つ確率で分配する方法

ゲームを中断せずに継続したときに A が勝つ確率を $\Pr(A)$ とし、B が勝つ確率を $\Pr(B)$ とする。そして、勝つ確率に応じて賞金を分配する。

すなわち、A と B が受け取る賞金はそれぞれ、

$$\text{賞金額} \times \Pr(A) \quad \text{と} \quad \text{賞金額} \times \Pr(B)$$

とする。

テトラ「確率に応じて分配するのは納得ですが、だとすると、

$$\text{賞金額} \times \frac{\Pr(A)}{\Pr(A) + \Pr(B)} \quad \text{と} \quad \text{賞金額} \times \frac{\Pr(B)}{\Pr(A) + \Pr(B)}$$

で分けるんじゃないでしょうか」

僕「そうだけど、$\Pr(A) + \Pr(B) = 1$ だから同じことだよね」

テトラ「あっと、そうでした……はい。全体の賞金額に勝つ確率を掛けた金額をもらえればいいと直観的にはわかります。で

もそれが《適切》だという根拠はどこから来るんでしょう」

僕「うんうん、そう思うよね。まず、確率で分配する方法が現実の世界で唯一絶対の方法ではないというのは確かだといえる。何が《適切》かはゲームの当事者が決める約束だから」

テトラ「はい。ですからやはり根拠が気になります」

僕「そうだね。確率はいわば、起こりうる未来を数えてるんだ」

テトラ「起こりうる未来を——数えてる?」

僕「うん。A が勝つ確率 $\Pr(A)$ や B が勝つ確率 $\Pr(B)$ とはどういうものかを考えてみよう。ゲームを中断したときの状況は《A が 2 点、B が 1 点》だった。この状況を《スタート時点》と呼ぶことにする。《スタート時点》からゲームを始めたとすると、A が勝つ未来もあるし、B が勝つ未来もある」

テトラ「はい。未来はどちらになるかわかりません」

僕「でも、勝負がついた後、もう一度《スタート時点》に戻ってきてゲームを始める。もちろん《A が 2 点、B が 1 点》という状況から始めるんだよ。また勝負がついた後、また《スタート時点》まで戻る。何度も何度も戻る。そして勝利数を数える。A が勝つ未来と、B が勝つ未来はどんな割合になるだろうか」

テトラ「何度も何度も《スタート時点》に戻る……それは時間を戻すという意味ですか?」

僕「そういう意味だよ。もちろん、実際に SF のような時間跳躍{タイムリープ}はできないから、あくまでこれは想像上の話だけれど。僕たち

が確率を考えるときには、必ず繰り返しが出てくる。ちょうど僕たちが繰り返してコインやサイコロを投げるのと同じように、《スタート時点》に戻ってゲームを始めたと考えるんだ」

テトラ「なるほど……先輩、あたし、思ったんですけれど、《スタート時点》から勝負がつくまでを一つの《試行》と見なせませんか?」

僕「そうそう、そうなんだよ! 《スタート時点》からコインを何回か投げて A と B の勝負が決まる……というのは、いわば《勝利者が一発で決まる特別コインを 1 回投げる試行》と見なせる。特別コインは A と B の二つの面を持っていて、必ずどちらかの面が出る。ただし、この特別コインはフェアじゃない。A が出る確率は $\mathrm{Pr}(A)$ で、B が出る確率は $\mathrm{Pr}(B)$ になっている……そんな特別コインを考えていることになる」

テトラ「なるほどです! そう考えると、《ゲームを中断して賞金を A と B でどう分配するか》は《特別コインを投げて A と B がどのくらい出やすいか》と結びつきます」

僕「そうだね。時を越えて《スタート時点》に何度も戻る以外の考え方もあるよ。《スタート時点》から起こりうるすべての可能性を世界のコピーとして作る。そして、多数の世界のうち何割で A が勝つかを考えるんだ……これも SF っぽいけど」

テトラ「はい、でも、よくイメージできます。賞金を多数の世界に分配してやれば、A が勝った世界では A が受け取り、B が勝った世界では B が受け取る——これは確率を割合だと思って賞金を分配していますね」

僕「まさにそれが確率分布 Pr の分布という名前の由来だから」

テトラ「あっ！」

僕「もしも勝つ確率で分配するのを《適切》と認めるなら、そこ
　　からは確率の問題として解いていける」

問題 5-1（確率の問題となった《未完のゲーム》）

A と B の二人が、フェアなコインを繰り返し投げるゲームを
します。最初はどちらの得点も 0 点です。

- 表が出たら、A の得点が 1 点増えます。
- 裏が出たら、B の得点が 1 点増えます。

3 点を先取した方が勝利で、勝利者は賞金を総取りします。
ところが、ゲームを中断することになり、賞金を A と B の
二人で分けることになりました。中断した時点で、

- A の得点は 2 点です。
- B の得点は 1 点です。

A が勝つ確率 $\Pr(A)$ と B が勝つ確率 $\Pr(B)$ をそれぞれ求め
てください。

テトラ「はい、そうですね」

僕「問題 5-1 で得られる $\Pr(A)$ を使えば、B が勝つ確率も得られ
　　る。$\Pr(B) = 1 - \Pr(A)$ だからね。確率で賞金を分配するこ
　　とを適切とするならば、$\Pr(A)$ と $\Pr(B)$ から賞金も求められ
　　れる」

テトラ「これってこんな図を描けば解けますよね？」

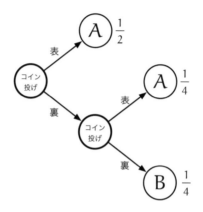

確率 $\Pr(A)$ と $\Pr(B)$ を求める図

僕「そうだね！」

テトラ「コイン投げで表が出たら ↗ に進み、裏が出たら ↘ に進むような図を描きます。順番に考えていくと……

- コインを投げます。
  - 表が出たら、A が勝ちます（確率は $\frac{1}{2}$）。
  - 裏が出たら、もう一度コインを投げます。
    - 表が出たら、A が勝ちます（確率は $\frac{1}{2} \times \frac{1}{2} = \frac{1}{4}$）。
    - 裏が出たら、B が勝ちます（確率は $\frac{1}{2} \times \frac{1}{2} = \frac{1}{4}$）。

……ですから、A と B が勝つ確率はそれぞれ、

$$\Pr(A) = \frac{1}{2} + \frac{1}{4} = \frac{3}{4}, \quad \Pr(B) = \frac{1}{4}$$

となります」

> **解答 5-1** (確率の問題となった《未完のゲーム》)
>
> $$\Pr(A) = \frac{3}{4}, \quad \Pr(B) = \frac{1}{4}$$

僕「うん、それでいいね！」

テトラ「あたし思うんですが、このような図も、条件付き確率の
　　　ときに書いた表も《全体は何か》を知るためにあるんですね」

僕「おっ？」

テトラ「先輩、おっしゃってましたよね。あたしが《全体は何か》
　　　を誤解していたということ（p. 168）」

僕「うん」

テトラ「あれから、注意しているんです。問題に書かれているこ
　　　との一部分だけじゃなくて、《全体は何か》を考えるように」

僕「それはすごいよ、テトラちゃん！……ところで、テトラちゃ
　　　んの解答を見てて思ったんだけど、この問題を**一般化**したら
　　　どうなるだろう」

テトラ「一般化……ですか？」

5.3　一般化した《未完のゲーム》

僕「うん、そうだよ。問題 5-1 は、3 点先取したら勝つゲームを、
　　　A が 2 点で B が 1 点という状態から始めたよね。だから、こ

れを一般化して——」

テトラ「わかりました。《**変数の導入による一般化**》ですねっ！ 具体的な点数を文字に直してみます」

3点 先取したら勝つ	→	N点 先取したら勝つ
中断した時点で、A は 2点	→	中断した時点で、A は A点
中断した時点で、B は 1点	→	中断した時点で、B は B点

僕「うん、いいね。このまま考えてもいいんだけど、文字の役割を変えた方がいいかも」

テトラ「はい？」

僕「《中断した時点の得点》よりも、勝つまでの《残り得点》を文字で表した方がいいような気がする」

テトラ「それはどうしてでしょうか」

僕「なぜかというと、勝利者が決まるのは《残り得点》が 0 点になったときだよね。テトラちゃんの書き方だと、A が勝つ条件は A ＝ N や N － A ＝ 0 という式になる。でも、たとえば A の《残り得点》を小文字の a で表すことにすると、A が勝つ条件は a ＝ 0 になる。同じことなんだけど、こっちが簡単かなって」

テトラ「簡単になりそうな方がいいですね」

僕「うん、じゃあ、A と B が勝つまでの《残り得点》を、それぞれ小文字の a と b で表すことにしよう」

問題 5-2（一般化した《未完のゲーム》）
A と B の二人が、フェアなコインを繰り返し投げるゲームをします。最初はどちらの得点も 0 点です。

- 表が出たら、A の得点が 1 点増えます。
- 裏が出たら、B の得点が 1 点増えます。

ある得点を先取した方が勝利で、勝利者は賞金を総取りします。ところが、ゲームを中断することになり、賞金を A と B の二人で分けることになりました。中断した時点で、

- A が勝つまで必要な得点は残り a 点です。
- B が勝つまで必要な得点は残り b 点です。

A が勝つ確率 $P(a, b)$ と B が勝つ確率 $Q(a, b)$ を求めてください。ただし、a と b はどちらも 1 以上の整数とします。

テトラ「あたしの考えでは文字は N, A, B の三つでしたが、問題 5-2 では文字が a と b の二つになりましたね」

問題 5-1　　　　　　　　→　　**問題 5-2**

3点 を先取した方が勝つ　→　 ある得点 を先取した方が勝つ
中断した時点で、A は 2点 →　中断した時点で、A は 残り a 点
中断した時点で、B は 1点 →　中断した時点で、B は 残り b 点

僕「うん。テトラちゃんは《全体で N 点先取したときに勝利》という問題にしたけど、《勝つまでの残り得点》として a と b を与えてしまえば、もう N はいらないから」

テトラ「なるほどです……ところで、確率を $\Pr(A)$ と $\Pr(B)$ じゃなくて $P(a, b)$ と $Q(a, b)$ にした理由は何でしょうか」

僕「いや、あまり深い意味はないんだけど、$\Pr(A)$ や $\Pr(B)$ と書くと《A が勝つ確率》や《B が勝つ確率》となって、残り得点の a や b が表に出てこないよね」

テトラ「まあそうですね」

僕「でも、考えを進めるのに、a と b に具体的な数を入れて試したい。だから、確率を a と b に関する関数 $P(a, b)$ や $Q(a, b)$ と表した方がよさそうだと思ったんだ」

テトラ「ははあ……」

僕「たとえば、さっきテトラちゃんが解答 5-1 で答えた $\Pr(A) = \frac{3}{4}$ は、問題 5-2 でいえば $a = 1$ で $b = 2$ の場合だよね。つまり、問題 5-1 の $\Pr(A)$ は問題 5-2 の関数 P を使って、

$$\Pr(A) = P(1, 2)$$

と表せることになる」

テトラ「はい、わかります。$P(1, 2)$ という式が表しているのは、《A が残り 1 点、B が残り 2 点で、A が勝つ確率》ですから、

$$\Pr(A) = P(1, 2) = \tfrac{3}{4}$$

になりますね。B が勝つ確率は A が負ける確率ですから、

$$\Pr(B) = Q(1, 2) = 1 - P(1, 2) = \tfrac{1}{4}$$

です」

僕「そうだね。だから、問題 5-2 は確かに問題 5-1 の一般化になっているといえる。ところで、一般化した問題 5-2 を解くとき、テトラちゃんだったらどうする？」

テトラ「そうですね……まずはポリア先生[*5]の《問いかけ》に答えます。たとえば、こうです」

- 《与えられているものは何か》 ……それは、a と b です。
- 《求めるものは何か》 ……それは、確率 $P(a, b)$ と $Q(a, b)$ です。

僕「いいね！ だから、僕たちの目標は、$P(a, b)$ と $Q(a, b)$ の二つを、a, b を使って表すことになる。つまり、与えられているもので求めるものを表したい」

テトラ「はいっ、そうですねっ！ でも……正直、文字が増えると、どこから手をつけたらいいか迷います」

僕「テトラちゃんがハマるときのパターンは知ってるよ」

テトラ「ええっ!!」

僕「それはね、増やした文字に最初から対決しちゃうパターン。いきなり一般化した状態で考えちゃう。《小さい数で試す》ときはうまくいくんだけど」

テトラ「あっ、確かに！ 確かにあたし、それやっちゃうときあります。先輩やミルカさんが文字を絶妙に操って式変形をしているので、つい、それと同じことをやろうとして……よく潰れちゃいます」

[*5] 参考文献 [6] 『いかにして問題をとくか』参照。

テトラちゃんは両手で頭を押さえて《潰れました》のポーズ。

僕「うん、だから、泥臭くても《小さい数で試す》ことから始めよう。一般化した問題ならば、特にね。僕もミルカさんも、必ず《小さい数で試す》ことから始めているよ」

5.4 小さい数で試す $P(1, 1)$

テトラ「では関数 P を調べていきます。まずは、

$$P(1, 1) = ?$$

から考えますね。$P(1, 1)$ は《A はあと 1 点で勝利、B もあと 1 点で勝利》から始めて A が勝つ確率ですから……」

僕「そうだね」

テトラ「さすがにこれは簡単です。だって、コインを 1 回投げれば、A か B の勝利が決まりますから。表が出れば A の勝利、裏が出れば B の勝利です。ですから、

$$P(1, 1) = \frac{1}{2}$$

になります」

僕「うん、じゃ、次は $P(2, 1)$ かな？」

5.5 小さい数で試す P(2, 1)

$$P(2, 1) = ?$$

テトラ「P(2, 1) は《A はあと 2 点で勝利、B はあと 1 点で勝利》から始めて A が勝つ確率です。ですから、コインを 1 回投げて表が出たら、まだ勝利は確定しません。でも裏が出たら B の勝利になります。ああ、これはさっきの図の変形でわかります」

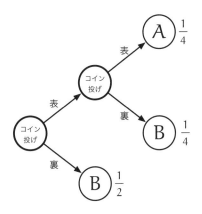

P(2, 1) を求めるための図

僕「そうだね」

テトラ「ですから、P(2, 1) というのは、2 回続けて表が出る確率に等しくて、

$$P(2, 1) = \frac{1}{4}$$

ということになります。ですよね？」

僕「……」

テトラ「ち、違いました？」

僕「いやいや、合ってるんだけど、いまテトラちゃんは重要なことを言ったよね。《さっきの図の変形でわかる》って」

テトラ「はい。上下を反転させると図の形は同じです。ＡとＢは逆で、表と裏も逆ですけど」

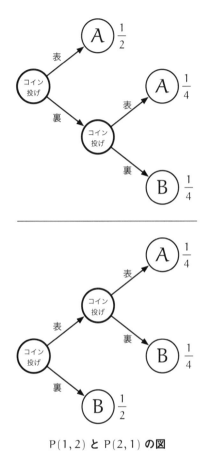

$P(1,2)$ と $P(2,1)$ の図

僕「それは対称性があるからだね。A と B の残り点数を交換して、勝者も交換すると、確率の値は等しくなる。つまり、

$$P(1,2) = Q(2,1)$$

ということ。言葉で書けば、

となるね」

テトラ「ああ、確かにそうなっていますね。$P(1,2) = \frac{3}{4}$ で、$Q(2,1) = 1 - P(2,1) = \frac{3}{4}$ ですから。図は同じにして中身を入れ換えるとこうなります。

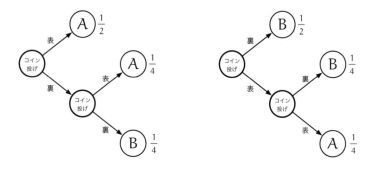

でも、それって……重要なんですか」

5.6　小さい数で試す目的

僕「僕たちはいま二つの関数 P と Q を求めようとしているんだから、どんな性質を持つかを調べるのは重要だよ。ここでは、

$$P(a, b) = Q(b, a)$$

という性質だね」

テトラ「……」

僕「僕たちはいま《小さな数で試す》途中だ。どうして小さな数で試すかというと、一般化した問題という冒険に乗り出しているところだから。僕たちはちゃんと一般化した問題を理解しているかを確かめなくちゃいけない」

テトラ「はい、そうですね。《例示は理解の試金石》ですからっ！」

僕「そうそう。例を作って理解を確かめる。でも、それだけじゃないんだ」

テトラ「それだけじゃ、ない……」

僕「うん。《小さな数で試す》のは《いつまでも試し続けたい》からやってるんじゃない。試している途中で何かに気がついて《もう試さなくてすむようにしたい》からやってるんだ」

テトラ「何か……というのは、具体的に何でしょう」

僕「さっきの $P(a, b) = Q(b, a)$ のような性質だよ。関数 P や Q について成り立つ式はないかを探している」

テトラ「なるほど。確かに先輩のおっしゃる通りですね。あたしたちは具体的な値を求めて、そこから関数 P の性質を探検している途中なんですものね……はい、ここまでで、関数 P についてわかったことは、こうです」

$$P(1, 1) = \frac{1}{2}$$

$$P(1, 2) = \frac{3}{4}$$

$$P(2, 1) = \frac{1}{4}$$

$$P(2, 1) = Q(1, 2)$$

僕「そうだね。それから、1以上のどんな整数 a, b に対しても、

$$P(a, b) = Q(b, a)$$

が成り立つ。うん、そう考えると $P(1, 1) = \frac{1}{2}$ も当然だね。$a = b = 1$ で考えると、$P(1, 1) = Q(1, 1) = 1 - P(1, 1)$ から、$P(1, 1) = 1 - P(1, 1)$ が成り立つ。つまり、

$$2P(1, 1) = 1$$

がいえて、

$$P(1, 1) = \frac{1}{2}$$

になる。同じように考えて、

$$P(1, 1) = P(2, 2) = P(3, 3) = \cdots = \frac{1}{2}$$

がいえる」

テトラ「なるほどです。A と B の残り点数が等しいときには、A が勝つ確率は確かに $\frac{1}{2}$ です。$a = b$ のときにいつも、

$$P(a, b) = \frac{1}{2}$$

になるのは、同点のときの山分けに相当します」

僕「そうだね。それからすごく大事な関係が見つかっているよ。$P(1, 1)$ は $P(2, 1)$ を計算するときに出てきたから」

テトラ「え……ええと？」

僕「テトラちゃんはさっき P(2,1) を考えたよね。《A が残り 2 点
で B が残り 1 点》のときにコイン投げをする。そこで表が出
たとすると、《A と B が共に残り 1 点》になったよね。その
状況で A が勝つ確率って、P(1,1) になる」

テトラ「確かにそうなります。あっ、これも関数 P の性質？」

僕「そうだね。僕たちは、

$$P(2,1) = \tfrac{1}{2}P(1,1)$$

が成り立つのを見つけたことになる」

テトラちゃんは、図と僕の式を何度か見比べる。

テトラ「……なるほどっ！ 先輩、先輩！ この式はまるで、図を
なぞっているような式ですねっ！」

5.7 図と式の対応

僕「図をなぞっている式──そうだね」

テトラ「先輩が書いた P(2,1) = $\tfrac{1}{2}$P(1,1) という式は、そのまま
スッと図に当てはまるんですよ。左辺の P(2,1) は、

$$P(2,1) = \boxed{\begin{array}{l} \text{A が残り 2 点で、} \\ \text{B が残り 1 点のときに、} \\ \text{A が勝つ確率} \end{array}}$$

ですよね」

僕「そうだね。それは正しいよ。関数 P の定義通り」

テトラ「そして右辺の $\frac{1}{2}P(1,1)$ は、

$$\frac{1}{2}P(1,1) = \boxed{\text{表が出る確率} \frac{1}{2}} \times \boxed{\begin{array}{l}\text{A が残り 1 点で、}\\ \text{B も残り 1 点のときに、}\\ \text{A が勝つ確率}\end{array}}$$

になっていると考えました。それはちょうど、P(2,1) のところから、図に書かれた $\frac{1}{2}$ の矢印をたどって P(1,1) へ進むように読めます。まるで図を式に翻訳するみたいに」

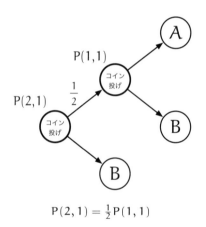

$$P(2,1) = \frac{1}{2}P(1,1)$$

僕「うんうん！ 図を見ながら一歩一歩、式を作る。図と整合性があるかどうか確認しながら、式を作る。そういうことだね」

テトラ「はい、そうです。式を読んでいると《具体的なもの》をいじっている感じがします。左辺 P(2,1) の 2 は《残り 2 点で A が勝つ》ことを表しています。その 2 は右辺になると P(1,1) のように 1 に変わります。これは《残り 1 点で A が勝つ》状況に変化したことを表しています。なぜ変化したか

　　というと表が出たからですっ！」

僕「そうだね」

テトラ「表が出たので、あたしは A に 1 点あげた気持ちになりま
　　した。それで A は勝利までの残り点数が 2 点から 1 点に変
　　化しました。その変化が、P($\underline{2}$, 1) から P($\underline{1}$, 1) への変化に翻
　　訳されているんです」

僕「なるほど、なるほど。テトラちゃんはちゃんと式を扱ってい
　　るんだね」

テトラ「……ちょっとお待ちください。他の場合もそうなってる
　　わけですよね。たとえばさっき計算した P(1, 2) です」

$$P(1, 2) = \tfrac{3}{4}$$

僕「うん、そうだね。P(1, 2) の場合も図をたどっている感じがす
　　る。こうなるから」

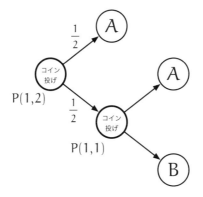

$$P(1, 2) = \tfrac{1}{2} + \tfrac{1}{2} P(1, 1)$$

テトラ「ははあ、確かにそうですね。この式は二つの数の和ですが、それぞれがコインの面に対応してます！」

$$P(1,2) = \underbrace{\frac{1}{2}}_{\text{表が出る}} + \underbrace{\frac{1}{2}P(1,1)}_{\text{裏が出る}}$$

僕「そうそう、そうなるね」

テトラ「先輩！　あたし、当たり前のこと言ってもいいですかっ！」

僕「もちろん……どうぞ」

テトラ「ここで和が出てくるのは、**排反**だからですよね。 コインを1回投げる試行を考えると、表が出るのと裏が出るのは排反な事象です。だから、

$$P(1,2) = \boxed{\frac{1}{2}} + \boxed{\frac{1}{2}P(1,1)}$$

の右辺は二つの和の形になる」

僕「うん。排反の場合の加法定理だ」

テトラ「$P(2,1)$ と $P(1,2)$ はこうなりますが……あれれ？」

$$P(2,1) = \frac{1}{2}P(1,1)$$
$$P(1,2) = \frac{1}{2} + \frac{1}{2}P(1,1)$$

テトラちゃんはそこで無言になる。
しばらく爪を噛みながら式をじっと見続ける。
何か、おかしなことに気付いたんだろうか。

5.8 テトラちゃんの気付き

テトラ「この二つの式、P(2,1) と P(1,2) は A と B の残り点数を入れ換えただけです。でも、右辺は式の形が違いますね。どうして同じ形にならないんでしょう」

$$P(2,1) = \tfrac{1}{2}P(1,1)$$
$$P(1,2) = \tfrac{1}{2} + \tfrac{1}{2}P(1,1)$$

僕「それは簡単に説明がつくよ。P(a,b) は《A が残り a 点、B が残り b 点のときに、A が勝つ 確率》だよね。A が勝つ確率の方に注目しているから入れ換えて同じ形にならないのは不思議じゃないよ」

テトラ「なるほど、そうですね……式が表しているものをちゃんと考えるべきでした」

僕「うん、式の形にこだわるんだったら、こんな書き方をすれば気持ちがいいよ。0 と 1 に注目」

$$\begin{cases} P(2,1) &= \tfrac{1}{2} \cdot P(1,1) &+ \tfrac{1}{2} \cdot \boxed{0} \\ P(1,2) &= \tfrac{1}{2} \cdot \boxed{1} &+ \tfrac{1}{2} \cdot P(1,1) \end{cases}$$

テトラ「これは……？」

僕「意味はわかる？」

テトラ「いえ……よくわかりません。1 を掛けたらそのままで、0 を掛けたら 0 ですよね」

僕「0 は《B がもう勝利を決めたので、A が勝つ確率は 0》を表

す。それから 1 は《A がもう勝利を決めたので、A が勝つ確率は 1》を表す。こんなふうに 0 と 1 を明示的に書けば、いかにも入れ換えた形の式になるよね」

テトラ「納得です！ 式っておもしろいですね」

僕「うん、そうだ。P を使って 0 と 1 を表したら、もっと気持ちいいんじゃないかなあ」

$$
\begin{cases}
P(2,1) &= \frac{1}{2} \cdot P(1,1) &+ \frac{1}{2} \cdot P(2,0) \\
P(1,2) &= \frac{1}{2} \cdot P(0,2) &+ \frac{1}{2} \cdot P(1,1)
\end{cases}
$$

テトラ「P(2,0) と P(0,2) が出てきました……これは？」

僕「うん。P(2,0) = 0 で P(0,2) = 1 と定義して、0 や 1 という数の意味をはっきり表したんだよ」

テトラ「先輩、でもそれはおかしいです。だって問題 5-2 では条件を付けましたよね。P(a,b) で a と b は 1 以上の整数でなければいけません。だったら、P(2,0) や P(0,2) のように 0 が出てきてはまずいのではないでしょうか」

僕「そうだね。だから、僕たちはいま関数 P の定義域を拡張して考えたことになる」

テトラ「拡張……」

5.9 拡張して考える

僕「問題 5-2 で a と b を 1 以上の整数としたのは、0 にする意味がないと思ったから。だって、a = 0 なら A はすでに勝って

るし、$b = 0$ なら A はすでに負けていることになる。だから、確率は計算するまでもない」

テトラ「はい、あたしもそう思っていました」

僕「でも $P(a, 0) = 0$ と $P(0, b) = 1$ と定義するのは悪くないよ。一貫性があるからね」

テトラ「その一貫性というのは、どういうことでしょう？」

僕「$P(a, 0) = 0$ と定義するのはおかしくないということ。A はもう負けている。それを勝つ確率は 0 だと定義したわけだ」

テトラ「ああ、確かにそうですね。$P(0, b) = 1$ の方は逆です。A はもう勝っています。だから A が勝つ確率を 1 と定義している……？」

僕「そうだね。さっき、確率は計算するまでもないと言ったけど、式を考える上では大いに意義がある」

テトラ「はい。そうですよ！ これって空事象や全事象を考えたときと似ています。《絶対に起きない》や《必ず起きる》も、事象として考えるんです（p. 95）」

僕「その通りだね。最初からそういう条件を付ければよかった」

テトラ「この式はとても、とても納得できます！」

$$P(2, 1) = \tfrac{1}{2}P(1, 1) + \tfrac{1}{2}P(2, 0)$$
$$P(1, 2) = \tfrac{1}{2}P(0, 2) + \tfrac{1}{2}P(1, 1)$$

僕「そうだそうだ。$P(a, 0) = 0$ と $P(0, b) = 1$ と定義すれば $P(1, 0) = 0$ と $P(0, 1) = 1$ もいえるから、さっき計算した

$P(1, 1)$ も同じように表せるよ。ほら！」

$$P(1, 1) = \frac{1}{2}P(0, 1) + \frac{1}{2}P(1, 0)$$

テトラ「$P(1, 1)$ は $\frac{1}{2}$ ですよね。コインを投げて A が出れば A の勝利ですから」

僕「うん、ちゃんと計算が合っている」

$$
\begin{aligned}
P(1, 1) &= \frac{1}{2}P(0, 1) + \frac{1}{2}P(1, 0) && \text{上の式から} \\
&= \frac{1}{2} \cdot 1 + \frac{1}{2} \cdot 0 && P(0, 1) = 1, P(1, 0) = 0 \text{ から} \\
&= \frac{1}{2} && \text{計算した}
\end{aligned}
$$

テトラ「確かに納得です。あたしは《コインを投げて A が出れば A の勝利》とだけ考えましたが、

$$P(1, 1) = \frac{1}{2}P(0, 1) + \frac{1}{2}P(1, 0)$$

という式はもっと状況をきちんと表していますね……つまり、《表が出て A が勝つ事象》と《裏が出て A が勝つ事象》という排反な事象です。《裏が出て A が勝つ事象》はここでは空事象ですけれど」

僕「そうそう。テトラちゃんはよく理解しているよね」

テトラ「先輩はいつもあたしのことを励ましてくださいますよね。ありがとうございます」

僕「テトラちゃんはがんばっているもんね。それで、と……うん、だいぶ《お友達になれた》かなあ？」

テトラ「いつも、仲良くしていただけるのはありがたいです」

テトラちゃんはそう言うと頭を下げた。

僕「え？ いや、関数Pのことなんだけど……」

テトラ「あっと《お友達》って、関数Pのことですかっ！ お恥ずかしい」

僕「いやいや、僕の方こそ、仲良くしてくれて、ありがとう」

テトラ「いっ、いえっ！……恐縮です」

僕たちは、改めてお辞儀をした。ぺこり。

5.10 関数Pの性質

僕「テトラちゃんがていねいに式を読んでくれたから、僕たちは関数Pを拡張することができた。僕たちはこれで、関数Pはこんな**漸化式**を満たしているんだとわかった。関数Pをここまでつかまえることができたんだね」

関数Pが満たす漸化式
関数Pは次の漸化式を満たす。

$$\begin{cases} P(0, b) &= 1 \\ P(a, 0) &= 0 \\ P(a, b) &= \frac{1}{2}P(a-1, b) + \frac{1}{2}P(a, b-1) \end{cases}$$

ただし、a と b はどちらも 1 以上の整数 $(1, 2, 3, \ldots)$ とする。

テトラ「はい……はい」

　テトラちゃんは、漸化式を一つ一つ確かめるように読んでいく。

僕「テトラちゃんは、この漸化式のどこを指されても、それが《未完のゲーム》でどんなことに対応しているか、説明できるよね。この 0 はどういう意味か、この 1 はどういう意味か、この $\frac{1}{2}$ はどういう意味か……」

テトラ「はいっ、あたし、全部説明できると思いますっ！　小さな数でたくさん試すのは大事ですね。図を思い浮かべたり、計算したり、式が何を表しているかをよく考えたり……」

僕「本当だね。さあ、ようやく問題5-2の関数 P と Q とを求める準備ができた」

テトラ「一般化した《未完のゲーム》の問題ですね！」

問題 5-2（一般化した《未完のゲーム》、再掲）
A と B の二人が、フェアなコインを繰り返し投げるゲームを
します。最初はどちらの得点も 0 点です。

- 表が出たら、A の得点が 1 点増えます。
- 裏が出たら、B の得点が 1 点増えます。

ある得点を先取した方が勝利で、勝利者は賞金を総取りしま
す。ところが、ゲームを中断することになり、賞金を A と B
の二人で分けることになりました。中断した時点で、

- A が勝つまで必要な得点は残り a 点です。
- B が勝つまで必要な得点は残り b 点です。

A が勝つ確率 $P(a, b)$ と B が勝つ確率 $Q(a, b)$ を求めてくだ
さい。ただし、a と b はどちらも 1 以上の整数とします。

僕「漸化式はできたけど、まだ $P(a, b)$ を a と b で表せたわけ
じゃない」

テトラ「ちょっとお待ちください。でも、具体的に a と b が与え
られたら、漸化式を使って具体的に $P(a, b)$ を計算すること
はできますよね？ ……確認ですけど」

僕「うん、それは正しいよ。僕たちの漸化式を使えば、$P(a, b)$ を
$P(a-1, b)$ と $P(a, b-1)$ で表せる。それを繰り返すと最後
には $P(0, *)$ と $P(*, 0)$ という形の式を組み合わせて表せる
ことになる。つまり、計算できる。$*$ や $\star$ は 1 以上の整数と
して」

テトラ「はい。あたしの理解が合っててよかったです」

僕「漸化式があるから、a, b が具体的に与えられれば $P(a, b)$ を計算できる。でも、もう少し進んで、

$$P(a, b) = 《a と b は含むけれど、P を含まない式》$$

までたどり着きたい」

テトラ「はい、その目標地点はよくわかります。a と b だけを使って $P(a, b)$ を表すんですよね。でも、いったいどうすればいいんでしょう？」

僕「うん、僕は方向性が見えてきたよ。おおよそだけど」

テトラ「あたしには見えません……そういうのが見えるのは、センスなんでしょうか」

僕「いや、センスとかそういうんじゃないよ」

テトラ「でも、《とっかかり》がわからないと何も進みませんよね」

僕「じゃ、また《小さな数で試す》ことで《とっかかり》を作ろう！」

テトラ「えっ！」

僕「テトラちゃんがさっき言ったことだよ。$P(a, b)$ で、a と b が具体的に与えられたら、漸化式を使って計算できる。としたら、具体的に考えているうちに《とっかかり》に気付くかもしれない。たとえば $P(2, 2)$ を漸化式に従って計算してみようよ。答えは $\frac{1}{2}$ だとわかってるけど」

5.11 P(2, 2) **の値を求める**

> **関数 P が満たす漸化式**（再掲）
> 関数 P は次の漸化式を満たす。
>
> $$\begin{cases} P(0, b) &= 1 \\ P(a, 0) &= 0 \\ P(a, b) &= \frac{1}{2}P(a-1, b) + \frac{1}{2}P(a, b-1) \end{cases}$$
>
> ただし、a と b はどちらも 1 以上の整数 (1, 2, 3, ...) とする。

テトラ「漸化式を解く手がかりを得るため、漸化式を使って P(2, 2) を求めてみるんですよね。確かにそれはあたしにもすぐできます。ですから、やります！」

$$\begin{aligned} P(2, 2) &= \frac{1}{2}P(1, 2) + \frac{1}{2}P(2, 1) &&\text{漸化式より} \\ &= \frac{1}{2}\big(P(1, 2) + P(2, 1)\big) &&\frac{1}{2} \text{でくくった} \end{aligned}$$

僕「うん、漸化式を使って、$\frac{1}{2}$ でくくったんだね」

テトラ「はい。これを繰り返すんですよね。P(1, 2) と P(2, 1) は次のように表せます。1 ずつ減らすんです。

$$\begin{cases} P(1, 2) = \frac{1}{2}P(0, 2) + \frac{1}{2}P(1, 1) \\ P(2, 1) = \frac{1}{2}P(1, 1) + \frac{1}{2}P(2, 0) \end{cases}$$

ですから、P(1, 2) と P(2, 1) を置き換えることができます」

$$P(2,2) = \frac{1}{2}\big(P(1,2) + P(2,1)\big) \qquad \text{上の式から}$$

$$= \frac{1}{2}\big(\tfrac{1}{2}P(0,2) + \tfrac{1}{2}P(1,1)\big) + \frac{1}{2}\big(\tfrac{1}{2}P(1,1) + \tfrac{1}{2}P(2,0)\big) \qquad \text{置き換えた}$$

$$= \frac{1}{2} \cdot \frac{1}{2}\big(P(0,2) + P(1,1) + P(1,1) + P(2,0)\big) \qquad \tfrac{1}{2}\text{でくくった}$$

$$= \frac{1}{4}\big(P(0,2) + P(1,1) + P(1,1) + P(2,0)\big) \qquad \text{同じ項に注目する}$$

$$= \frac{1}{4}\big(P(0,2) + 2P(1,1) + P(2,0)\big) \qquad \text{足し合わせた（♡）}$$

$$= \frac{1}{4}\big(1 + 2P(1,1) + 0\big) \qquad P(0,2) = 1, P(2,0) = 0 \text{ から}$$

僕「なるほど」

テトラ「さらに $P(1,1) = \frac{1}{2}P(0,1) + \frac{1}{2}P(1,0)$ を使って、$P(1,1)$ を置き換えます」

$$P(2,2) = \frac{1}{4}\big(1 + 2P(1,1) + 0\big) \qquad \text{上の式から}$$

$$= \frac{1}{4}\big(1 + 2\big(\tfrac{1}{2}P(0,1) + \tfrac{1}{2}P(1,0)\big) + 0\big) \qquad \text{置き換えた}$$

$$= \frac{1}{4}\big(1 + P(0,1) + P(1,0) + 0\big)$$

$$= \frac{1}{4}\big(1 + 1 + 0 + 0\big) \qquad P(0,1) = 1, P(1,0) = 0 \text{ から}$$

$$= \frac{1}{2}$$

僕「計算はうまくいったね」

テトラ「はい、ちゃんと $\frac{1}{2}$ になりましたが……」

僕「何か気がついた？」

テトラ「……いえ、特には」

僕「じゃあ、もう一回——」

テトラ「はい、今度は $P(3,3)$ でやってみます」

5.12 P(3, 3) の値を求める途中

$$P(3, 3) = \tfrac{1}{2}P(2, 3) + \tfrac{1}{2}P(3, 2) \qquad \text{漸化式から}$$

$$= \tfrac{1}{2}\big(P(2, 3) + P(3, 2) \big) \qquad \tfrac{1}{2} \text{ でくくった}$$

$$= \tfrac{1}{2}\big(\tfrac{1}{2}P(1, 3) + \tfrac{1}{2}P(2, 2) \big) + \tfrac{1}{2}\big(\tfrac{1}{2}P(2, 2) + \tfrac{1}{2}P(3, 1) \big) \qquad \text{置き換えた}$$

$$= \tfrac{1}{2} \cdot \tfrac{1}{2}\big(P(1, 3) + P(2, 2) + P(2, 2) + P(3, 1) \big) \qquad \tfrac{1}{2} \text{ でくくった}$$

$$= \tfrac{1}{2} \cdot \tfrac{1}{2}\big(P(1, 3) + P(2, 2) + P(2, 2) + P(3, 1) \big) \qquad \text{同じ項に注目する}$$

$$= \tfrac{1}{4}\big(P(1, 3) + 2P(2, 2) + P(3, 1) \big) \qquad \text{足し合わせた (♣)}$$

$$= \cdots$$

僕「あっ、ちょっと待ってテトラちゃん」

テトラ「えっ、計算ちがいました？」

僕「似ているパターンの式が P(2, 2) でも出てきたよね」

$$P(2, 2) = \tfrac{1}{4}\big(P(0, 2) + 2P(1, 1) + P(2, 0) \big) \qquad \heartsuit \text{ より (p.228)}$$

$$P(3, 3) = \tfrac{1}{4}\big(P(1, 3) + 2P(2, 2) + P(3, 1) \big) \qquad \clubsuit \text{ より}$$

テトラ「あ、本当ですね。そっくりです。これは、なぜかというと……はい、わかりました。2 回コイン投げを行って《表裏》と《裏表》はどちらも同じことになるんですよ。A と B の残りの点数を 1 ずつ減らす順番が違うだけですから」

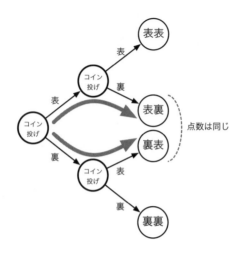

僕「そうだね」

テトラ「ですから、合流した二つを足し合わせて——ああっ、こ
れって、**パスカルの三角形**です！ こう見ればわかります！」

テトラちゃんは首を 90° 傾けて言った。

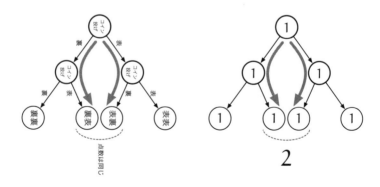

僕「うんうん、そうだね。さっきの式で係数に 1 を省かずに書く
　　と、パスカルの三角形に出てくる**二項係数**の 1, 2, 1 も見える」

$$P(2, 2) = \frac{1}{4} \left(\boxed{1}P(0, 2) + \boxed{2}P(1, 1) + \boxed{1}P(2, 0) \right) \quad \heartsuit \text{ より}$$

$$P(3, 3) = \frac{1}{4} \left(\boxed{1}P(1, 3) + \boxed{2}P(2, 2) + \boxed{1}P(3, 1) \right) \quad \clubsuit \text{ より}$$

テトラ「……ということは、P(3, 3) をさらに計算すると 1, 3, 3, 1
　　が出てくるんでしょうか」

僕「やってみよう！」

$$P(3, 3)$$
$$= \frac{1}{4} \left(P(1, 3) + 2P(2, 2) + P(3, 1) \right)$$
$$= \frac{1}{4} \left(\frac{1}{2} \left(P(0, 3) + P(1, 2) \right) + 2 \cdot \frac{1}{2} \left(P(1, 2) + P(2, 1) \right) + \frac{1}{2} \left(P(2, 1) + P(3, 0) \right) \right)$$
$$= \frac{1}{8} \left(P(0, 3) + P(1, 2) + 2P(1, 2) + 2P(2, 1) + P(2, 1) + P(3, 0) \right)$$
$$= \frac{1}{8} \left(P(0, 3) + 3P(1, 2) + 3P(2, 1) + P(3, 0) \right)$$
$$= \frac{1}{8} \left(\boxed{1}P(0, 3) + \boxed{3}P(1, 2) + \boxed{3}P(2, 1) + \boxed{1}P(3, 0) \right)$$

テトラ「はわわ……ほんとですね。1, 3, 3, 1 が出てきます。ちょ
　　うど、うまいぐあいに左から P(1, 2) が、右から 2P(1, 2) が
　　出てきて足し合わせることになって 3P(1, 2) が出てくるとこ
　　ろは、まさにパスカルの三角形ですね……」

5.13　P(3, 3) を一般化

僕「さあ、P(3, 3) はこんなふうに書ける。$8 = 2^3$ だからね。

$$P(3, 3) = \frac{1}{2^3} \left(\boxed{1}P(0, 3) + \boxed{3}P(1, 2) + \boxed{3}P(2, 1) + \boxed{1}P(3, 0) \right)$$

　　　ここで、$1, 3, 3, 1$ という二項係数を $\binom{n}{k}$ の形に書くとパター
　　　ンが見える」

$$\begin{array}{cccc} 1 & 3 & 3 & 1 \\ \vdots & \vdots & \vdots & \vdots \\ \binom{3}{0} & \binom{3}{1} & \binom{3}{2} & \binom{3}{3} \end{array}$$

テトラ「$\binom{3}{0}, \binom{3}{1}, \binom{3}{2}, \binom{3}{3}$ は組み合わせの数ですよね？」

僕「うん。$\binom{n}{k}$ は ${}_nC_k$ と同じ。これを使って $P(3,3)$ を書き直す」

$$P(3,3) = \frac{1}{2^3} \left(\boxed{1} P(0,3) + \boxed{3} P(1,2) + \boxed{3} P(2,1) + \boxed{1} P(3,0) \right)$$

$$\qquad \vdots \qquad\qquad \vdots \qquad\qquad \vdots \qquad\qquad \vdots$$

$$P(3,3) = \frac{1}{2^3} \left(\binom{3}{0} P(0,3) + \binom{3}{1} P(1,2) + \binom{3}{2} P(2,1) + \binom{3}{3} P(3,0) \right)$$

テトラ「……そうですね」

　　テトラちゃんは注意深く式を読んでから答えた。

僕「カッコの中の規則性はわかるよね」

$$P(3,3) = \frac{1}{2^3} \left(\boxed{\binom{3}{0} P(0,3)} + \boxed{\binom{3}{1} P(1,2)} + \boxed{\binom{3}{2} P(2,1)} + \boxed{\binom{3}{3} P(3,0)} \right)$$

テトラ「はい。$0, 1, 2, 3$ と変化してるところがありますね」

僕「逆に、$3, 2, 1, 0$ と変化しているところもある。k という文字
　　　の値を $0, 1, 2, 3$ と変化させるなら、四つの項は、

$$\boxed{\binom{3}{k} P(k, 3-k)}$$

　　　という式で表せるわけだ」

テトラ「わかります、わかります。k が 0, 1, 2, 3 と動くなら、3−k は 3, 2, 1, 0 になりますから」

僕「これで、P(3,3) は $\sum$ を使って書けた！」

$$P(3,3) = \frac{1}{2^3} \sum_{k=0}^{3} \boxed{\binom{3}{k}P(k,3-k)}$$

テトラ「あたし、これ読めます！ k = 0, 1, 2, 3 と動かして、$\boxed{\binom{3}{k}P(k,3-k)}$ を足し合わせているんです[6]」

僕「あとは 3 のところを a にすれば一般化できる。

$$P(a,a) = \frac{1}{2^a} \sum_{k=0}^{a} \boxed{\binom{a}{k}P(k,a-k)} \qquad (a \text{ は 1 以上の整数})$$

念のため、a = 1 で $\frac{1}{2}$ になるか検算してみよう。

$$\begin{aligned}
P(1,1) &= \frac{1}{2^1} \sum_{k=0}^{1} \binom{1}{k}P(k,1-k) \\
&= \frac{1}{2^1} \left(\underbrace{\boxed{\binom{1}{0}P(0,1-0)}}_{k=0 \text{ のとき}} + \underbrace{\boxed{\binom{1}{1}P(1,1-1)}}_{k=1 \text{ のとき}} \right) \\
&= \frac{1}{2^1} \left(\binom{1}{0}P(0,1) + \binom{1}{1}P(1,0) \right) \\
&= \frac{1}{2^1} \left(1 \cdot 1 + 1 \cdot 0 \right) \\
&= \frac{1}{2}
\end{aligned}$$

うん、大丈夫だ」

---

[6] $\sum$ については『数学ガールの秘密ノート／数列の広場』参照。

テトラ「とうとう関数 P が式で表されましたねっ！」

僕「ああ、いやいや、いま考えたのは $P(a,a)$ という形だけだよ。つまり、A と B がどちらも勝利まで残り点数が同じ場合に限った話。それに、右辺にはまだ P が残ってるし」

テトラ「あ……そうですね。あたしたちが求めるものは $P(a,b)$ でした。$a = b$ とは限りませんね」

僕「そうだね。次はどうしようか」

テトラ「あたしにはまだ見えません……でも、もう一回《小さな数で試す》ことで、何とか《とっかかり》を見つけます！」

僕「おお！」

テトラ「$P(3,3)$ を展開して $P(a,a)$ を得ましたから、たとえば $P(3,2)$ から始めたら何かがわかりそうです……あたし、$P(3,2)$ を計算しますっ！」

テトラちゃんは、$P(3,2)$ に取り組み始める。
そこに、ミルカさんがやってくる。

5.14 ミルカさん

ミルカ「今日も確率？」

僕「そうだね。《未完のゲーム》の問題を一般化したもの。漸化式はできたから、いまは式のパターンを見つけようとしているんだ」

関数 P が満たす漸化式（再掲）
関数 P は次の漸化式を満たす。

$$\begin{cases} P(0,b) &= 1 \\ P(a,0) &= 0 \\ P(a,b) &= \frac{1}{2}P(a-1,b) + \frac{1}{2}P(a,b-1) \end{cases}$$

ただし、a と b はどちらも 1 以上の整数 (1, 2, 3, . . .) とする。

ミルカ「この漸化式、パスカルの三角形が出てきそうだな」

僕「そうそう、そうなんだよ。だから二項係数が出てきて……」

テトラ「二項係数が出せません！」

僕「え？」

5.15 P(3,2) の値を求める

テトラ「困りました。あたしは式のパターンを見つけるため P(3,2) を計算していました。二項係数がうまく出てくるんですが、P(3,0) を計算しようとしたら P(3,−1) になっちゃうんですっ！ −1 が出ては困ります……」

$$P(3,2) = \frac{1}{2^1}\big(\,\boxed{1}P(2,2) + \boxed{1}P(3,1)\,\big)$$

$$= \frac{1}{2^2}\big(\,\boxed{1}P(1,2) + \boxed{2}P(2,1) + \boxed{1}P(3,0)\,\big)$$

$$= \frac{1}{2^3}\big(\,\boxed{1}P(0,2) + \boxed{3}P(1,1) + \boxed{3}P(2,0) + \boxed{1}\underbrace{P(3,-1)}_{\uparrow}\,\big)$$

僕「そうか。漸化式の $P(a,b) = \frac{1}{2}P(a-1,b) + \frac{1}{2}P(a,b-1)$ が使えるのは a と b が 1 以上の整数のときだから、$P(3,0)$ には使えないんだ」

ミルカ「$P(a,b)$ が表しているのは、A が残り a 点、B が残り b 点のときに A が勝つ確率?」

僕「うん、そうだよ。だから、$P(3,0)$ の値そのものはわかる。A が残り 3 点で、B が残り 0 点なんだから、A が勝つ確率は 0 になる。つまり、$P(3,0) = 0$ だとわかる。でもいまはその具体的な値より式のパターンを見つけたいから困るんだ」

ミルカ「ふうん……」

テトラ「$P(3,-1)$ だと無意味になっちゃうんです」

ミルカ「それはなぜ?」

テトラ「それはなぜ……かというと、残り -1 点で勝つなんて無意味だからです」

僕「残り -1 点……」

ミルカ「残り点数は -1 にできない?」

テトラ「はい。-1 にはできません。0 だったらできます。最初

は1以上の整数で考えていたんですが、0も許すように拡張
したんです。でも、それができたのは一貫性があるからです。
残りが0点で勝利が確定したという解釈ができますから。で
も −1 になってはだめです」

ミルカ「一貫性のある解釈ができないから？」

テトラ「だって、勝利まで残り −1 点なんて……」

僕「そうか、できるんだ！ できるよ、テトラちゃん！」

テトラ「ええ……？」

　テトラちゃんは眉根を寄せる。

5.16 さらに拡張して考える

僕「Bが勝利を決めた後、つまり $b = 0$ になった後も、さらに
ゲームを続ければいいんだよ。コインを投げて裏が出れば、
勝利に必要な得点よりもさらに1点多くなる。その状況は確
かに《Bは勝利まで残り −1 点》と解釈できるんだ！」

ミルカ「計算のため漸化式をさらに拡張する。もしくは——」

僕「−1 まで拡張して式を追加すればいいから、こうだね」

関数 P が満たす漸化式（−1 まで拡張）

関数 P は次の漸化式を満たす。

$$\begin{cases} P(-1, b) &= 1 \qquad \text{（追加）} \\ P(a, -1) &= 0 \qquad \text{（追加）} \\ P(0, b) &= 1 \\ P(a, 0) &= 0 \\ P(a, b) &= \frac{1}{2}P(a-1, b) + \frac{1}{2}P(a, b-1) \end{cases}$$

ただし、a と b はどちらも 1 以上の整数 $(1, 2, 3, \ldots)$ とする。

テトラ「パターン探しの冒険、再開ですっ！」

$$\begin{aligned}
P(3, 2) &= \frac{1}{2^1}\big(\,1P(2, 2) + 1P(3, 1)\,\big) \\
&= \frac{1}{2^2}\big(\,1P(1, 2) + 2P(2, 1) + 1P(3, 0)\,\big) \\
&= \frac{1}{2^3}\big(\,1P(0, 2) + 3P(1, 1) + 3P(2, 0) + 1P(3, -1)\,\big) \\
&= \frac{1}{2^4}\big(\,1P(-1, 2) + 4P(0, 1) + 6P(1, 0) + 4P(2, -1) + 1P(3, -2)\,\big)
\end{aligned}$$

僕「そうか、−2 も出てくるか……」

テトラ「ではまた拡張して続けましょうっ！」

ミルカ「テトラはどこまで続けるつもりなのかな。もう、A の勝つ確率は求められている」

僕「確かに。$P(-1, 2)$ と $P(0, 1)$ は 1 で、残りは 0 だから」

$$P(3,2) = \frac{1}{2^4}\Big(1\underbrace{P(-1,2)}_{1}+4\underbrace{P(0,1)}_{1}+6\underbrace{P(1,0)}_{0}+4\underbrace{P(2,-1)}_{0}+1\underbrace{P(3,-2)}_{0}\Big)$$

テトラ「あっ、あたし、パターンが見えます！」

僕「うんうん！」

テトラ「左から順に $1,1,0,0,0$ という並びがあって、1 が左に
集まっています。この 1 は、A が勝ったところになります。
$P(a,b)$ で a が 0 か -1 になっていますから」

$$P(3,2) = \frac{1}{2^4}\Big(1\underbrace{P(\boxed{-1},2)}_{1}+4\underbrace{P(\boxed{0},1)}_{1}+6\underbrace{P(1,0)}_{0}+4\underbrace{P(2,-1)}_{0}+1\underbrace{P(3,-2)}_{0}\Big)$$

僕「僕は別のパターンに気付いたよ。ここの和が全部 1 だ」

$$P(3,2) = \frac{1}{2^4}\Big(1P(\underbrace{-1,2}_{\text{和が}1})+4P(\underbrace{0,1}_{\text{和が}1})+6P(\underbrace{1,0}_{\text{和が}1})+4P(\underbrace{2,-1}_{\text{和が}1})+1P(\underbrace{3,-2}_{\text{和が}1})\Big)$$

テトラ「でもその《和が 1》はどういう意味があるんでしょう」

僕「式からパターンを見抜かないとね。それに $\frac{1}{2^4}$ に出てくる 4
の意味も——」

　そこで、ミルカさんが指を鳴らす。
　僕とテトラちゃんはさっと彼女を見る。

ミルカ「君とテトラは式からパターンを見抜こうとしている。し
かし、$P(a,b)$ は a と b の組で決まるのだから**図を描こう**。
(a,b) を座標平面上の点と見るのだ。パスカルの三角形が現
れるはず」

僕「おお！」

テトラ「ああ、これ、式を座標に翻訳するみたいですね……」

5.17 座標平面で考える

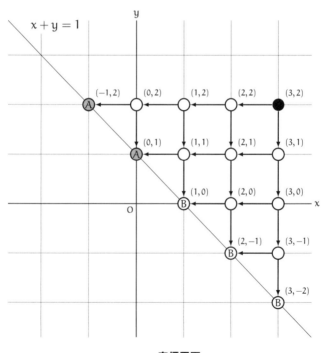

座標平面

ミルカ「座標平面を考え、a, b を 1 以上の整数とすると点 (a, b) は
　　　《A が残り a 点、B が残り b 点》という状況に対応している。
　　　漸化式 $P(a, b) = \frac{1}{2}P(a-1, b) + \frac{1}{2}P(a, b-1)$ の右辺にある
　　　二つの項は、点 (a, b) の左の点 $(a-1, b)$ と下の点 $(a, b-1)$
　　　に対応している」

テトラ「確かに、パスカルの三角形が見えます！」

　　テトラちゃんは首を $45°$ 傾けて言った。

僕「なるほど。矢印を進んでいって、縦になった y 軸の直線 $x = 0$
　　にたどり着いたら A の勝利。そして横になった x 軸の直
　　線 $y = 0$ にたどり着いたら B の勝利だね」

ミルカ「君が考えていた《和が 1》の理由は、座標平面で考えれ
　　　ば明白だ。直線 $x + y = 1$ の意味」

僕「うん！ 点 $(3, 2)$ から矢印をたどって直線 $x + y = 1$ まで来た
　　ときには、確実に勝負が決まっている。なぜなら、x と y が
　　整数で $x + y = 1$ なら、x と y の少なくとも片方は 0 以下に
　　なっているはずだから。$x \leqq 0$ になっていれば A の勝利。そ
　　して $y \leqq 0$ になっていれば B の勝利だといえるね。だから、
　　漸化式はこうすればよかったんだ」

> **関数 P が満たす漸化式**
>
> 関数 P は次の漸化式を満たす。
>
> $$P(a, b) = \begin{cases} 1 & (a \leqq 0) \\ 0 & (b \leqq 0) \\ \frac{1}{2}P(a-1, b) + \frac{1}{2}P(a, b-1) & (a > 0 \text{ かつ } b > 0) \end{cases}$$
>
> ただし、a と b は整数で $a + b \geqq 1$ とする。

テトラ「二つの Ⓐ Ⓐ が A の勝ちで、三つの Ⓑ Ⓑ Ⓑ が B の勝ちに相当します。

Ⓐ Ⓐ Ⓑ Ⓑ Ⓑ
A の勝利　B の勝利

式と図のどちらでもパターンを見つけられるんですね……」

僕「テトラちゃんがパスカルの三角形を持ち出したときに、勝利が決まる条件を座標で考えればよかったなあ」

ミルカ「$a + b = 1$ を $a + b - 1 = 0$ と読み替えるなら、式 $a + b - 1$ が表す値が重要な意味を持つとわかる。たとえば、$P(3, 2)$ で出てきた $\frac{1}{2^4}$ の 4 は $a + b - 1$ のことだ」

テトラ「なるほどです。$a + b - 1$ というのは、確実に勝負が決まるまでのコイン投げの回数になりますよね！」

僕「そうだね、テトラちゃん。それは、

$$a + b - 1 = (a - 1) + (b - 1) + 1$$

として考えるとわかりやすいな。A と B が最大に粘ったとする。表が $a-1$ 回出て、裏が $b-1$ 回出てもまだ勝負がつかない。でも、もう 1 回だけ投げれば、A と B のどちらかが確実に勝つ。だから、$a+b-1$ は確実に勝負が決まるまでのコイン投げの回数といえる」

ミルカ「座標平面を見て考えれば P(a,b) は a,b で表せる」

僕「うん、わかった。もう式と図との対応もついたよ。

$$P(3,2) = \frac{1}{2^4}\left(1P(-1,2) + 4P(0,1) + 6P(1,0) + 4P(2,-1) + 1P(3,-2) \right)$$

$$\vdots \qquad \vdots \qquad \vdots \qquad \vdots \qquad \vdots$$
$$Ⓐ \qquad Ⓐ \qquad Ⓑ \qquad Ⓑ \qquad Ⓑ$$

これで A の勝利の部分を a と b で表現できればいい。まず、$P(-1,2), P(0,1), P(1,0), P(2,-1), P(3,-2)$ の部分は、文字 k を $0,1,2,3,4$ と動かすと考えて、

$$P(k-2+1, 2-k)$$

と書ける。ここに出てきた 2 は $P(3,2)$ の 2 に相当するから、$P(a,b)$ に当てはめると、

$$P(k-b+1, b-k)$$

と書ける。これで $P(a,b)$ を $\sum$ で表せるね」

$$P(3,2) = \frac{1}{2^{3+2-1}} \sum_{k=0}^{3+2-1} \binom{3+2-1}{k} P(k-2+1, 2-k)$$

$$P(a,b) = \frac{1}{2^{a+b-1}} \sum_{k=0}^{a+b-1} \binom{a+b-1}{k} P(k-b+1, b-k)$$

ミルカ「$a + b - 1$ がたくさん出てきたな」

テトラ「本当ですね！ 確かにこれは大事な式です」

僕「うん、じゃあ $n = a + b - 1$ と置いてまとめよう。

$$P(a, b) = \frac{1}{2^n} \sum_{k=0}^{n} \binom{n}{k} P(k - b + 1, b - k)$$

n は確実に勝負が決まるまでのコイン投げの回数」

テトラ「あ……これで、もしかして、解けてます？ ああ、駄目ですね。右辺にまだ P が残っています」

僕「いやいや、いまここで右に残っている $P(k - b + 1, b - k)$ というのは、全部 0 か 1 だよ。だって、$k - b + 1$ と $b - k$ のどちらか片方だけが必ず 0 以下になるからね」

テトラ「どうして、そんなことがいえるんでしょう……」

僕「だって、

$$(k - b + 1) + (b - k) = 1$$

になっている。$k - b + 1$ と $b - k$ の両方とも 1 以上なんてことはありえないし、両方とも 0 以下ということもありえない」

ミルカ「座標平面で考えればいい。点 $(x, y) = (k - b + 1, b - k)$ は直線 $x + y = 1$ 上にある」

テトラ「あっ、そうですよね」

僕「そして、A が勝つのは、$x = k - b + 1 \leqq 0$ を満たすとき。つまり、$k \leqq b - 1$ のとき。これで解けた！」

$$P(a, b) = \frac{1}{2^n} \sum_{k=0}^{b-1} \binom{n}{k}$$

テトラ「B が勝つ確率は $b - k \leq 0$ のときですから、$b \leq k$ のときで、

$$Q(a, b) = \frac{1}{2^n} \sum_{k=b}^{n} \binom{n}{k}$$

になりますねっ！」

解答 5-2（一般化した《未完のゲーム》）

$$P(a, b) = \frac{1}{2^n} \sum_{k=0}^{b-1} \binom{n}{k}$$

$$Q(a, b) = \frac{1}{2^n} \sum_{k=b}^{n} \binom{n}{k}$$

ただし、$n = a + b - 1$ とする。

ミルカ「はい、これでひと仕事おしまい」

テトラ「一般化した《未完のゲーム》の確率が表せましたっ！ 次は何を考えましょうね？」

"未知だからこそ、未来へ向かう意味がある。"

補足

　本書第 5 章の解答 5-2（p. 245）に出てきたような二項係数の下インデックスに関する部分和は、一般に閉じた式では表せません。参考文献 [13]『コンピュータの数学 第 2 版』（p. 163 ならびに p. 209）参照。

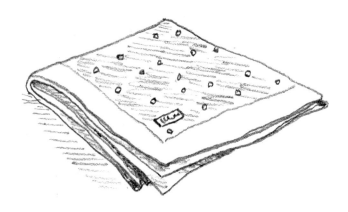

付録：階乗・順列・組み合わせ・二項係数

階乗

0 以上の整数 n に対して、$n!$ を次式で定義します。

$$n! = \begin{cases} n \times (n-1) \times \cdots \times 1 & n \geqq 1 \text{ の場合} \\ 1 & n = 0 \text{ の場合} \end{cases}$$

$n!$ を「n の階乗」といいます。 たとえば、5 の階乗 $5!$ は、

$$5! = 5 \times 4 \times 3 \times 2 \times 1 = 120$$

です。

順列

異なる n 個のものから、k 個を選んで一列に並べたものを「n 個から k 個を選ぶ**順列**」といいます。

たとえば、5個の数字 $1, 2, 3, 4, 5$ から3個を選ぶ順列が何通りあるかを考えましょう。

- 数字1個目の選び方が <u>5通り</u>
- そのそれぞれについて数字2個目の選び方が <u>4通り</u>
- そのそれぞれについて数字3個目の選び方が <u>3通り</u>

ですから、

$$5 \times 4 \times 3 = 60$$

で、5個から3個選ぶ順列は全部で60個あることがわかります。そのすべてを並べてみましょう。

123	124	125	134	135	145	234	235	245	345
132	142	152	143	153	154	243	253	254	354
213	214	215	314	315	415	324	325	425	435
231	241	251	341	351	451	342	352	452	453
312	412	512	413	513	514	423	523	524	534
321	421	521	431	531	541	432	532	542	543

一般に、n 個から k 個を選ぶ順列の数は、

$$n \times (n-1) \times \cdots \times (n-k+1) = \frac{n!}{(n-k)!}$$

で得られます[7]。

特に $n = k$ の場合、n 個から n 個を選ぶ順列の数は、

---

[7] n 個から k 個を選ぶ順列の数は $_nP_k$ とも書きます。$_5P_3 = 60$ です。

$$n!$$

で得られます。これは「n 個のものを並べ替えた順列の数」といえます。

組み合わせ

異なる n 個のものから、順番を気にせず k 個を選んだものを「n 個から k 個を選ぶ**組み合わせ**」といいます。

5個の数字 1, 2, 3, 4, 5 から 3 個を選ぶ組み合わせは、次のように 10 個あります。

| 123 | 124 | 125 | 134 | 135 | 145 | 234 | 235 | 245 | 345 |

さて、5個から3個を選ぶ 組み合わせ と 順列 との関係は次のように図示できます。

5個から3個を選ぶ組み合わせ

3個を並べ替える順列		123	124	125	134	135	145	234	235	245	345
	abc	123	124	125	134	135	145	234	235	245	345
	acb	132	142	152	143	153	154	243	253	254	354
	bac	213	214	215	314	315	415	324	325	425	435
	bca	231	241	251	341	351	451	342	352	452	453
	cab	312	412	512	413	513	514	423	523	524	534
	cba	321	421	521	431	531	541	432	532	542	543

5個から組み合わせとして選んだ3個の数字を a, b, c とすると、その3個の並べ替えによって5個から3個を選ぶ順列が作り出されることがわかります。ですから、

| 5個から3個を選ぶ組み合わせの数 (10) | × | 3個から3個を選ぶ順列の数 (6) | = | 5個から3個を選ぶ順列の数 (60) |

となります。したがって、5個から3個を選ぶ組み合わせの数は、

$$\frac{5個から3個を選ぶ順列の数}{3個から3個を選ぶ順列の数} = \frac{5 \times 4 \times 3}{3 \times 2 \times 1} = \frac{60}{6} = 10$$

で得られます。一般に、n 個から k 個を選ぶ組み合わせの数は、

$$\frac{n \times (n-1) \times \cdots \times (n-k+1)}{k \times (k-1) \times \cdots \times \quad 1} = \frac{n!}{k!\,(n-k)!}$$

で得られます[*8]。

[*8] n 個から k 個を選ぶ組み合わせの数は、$_nC_k$ とも書きます。

二項係数

0 以上の整数 n, k に対して**二項係数** $\binom{n}{k}$ を、

$$\binom{n}{k} = \begin{cases} \dfrac{n!}{k!\,(n-k)!} & n \geqq k \text{ の場合} \\[2mm] 0 & n < k \text{ の場合} \end{cases}$$

で定義します。たとえば、二項係数 $\binom{5}{3}$ は、

$$\binom{5}{3} = \frac{5!}{3!\,(5-3)!} = \frac{5 \times 4 \times 3 \times 2 \times 1}{(3 \times 2 \times 1)(2 \times 1)} = \frac{5 \times 4 \times 3}{3 \times 2 \times 1} = 10$$

となり、5 個から 3 個を選ぶ組み合わせの数に等しくなります。

小さな n と k に対する二項係数 $\binom{n}{k}$ を次表に示します。

n	$\binom{n}{0}$	$\binom{n}{1}$	$\binom{n}{2}$	$\binom{n}{3}$	$\binom{n}{4}$	$\binom{n}{5}$	$\binom{n}{6}$
0	1	0	0	0	0	0	0
1	1	1	0	0	0	0	0
2	1	2	1	0	0	0	0
3	1	3	3	1	0	0	0
4	1	4	6	4	1	0	0
5	1	5	10	10	5	1	0
6	1	6	15	20	15	6	1

この表にはパスカルの三角形が現れているのがわかります。

付録：期待値

確率による重み付き平均

　番号①と②のいずれかが書かれた多数のカードをよく混ぜて、その中から1枚を引く試行を考えます。引いたカードの番号に応じて得られる**賞金**が次のように決まるとします。

- カード①を引くと賞金は x_1 円
- カード②を引くと賞金は x_2 円

それぞれのカードを引く確率は次の通りとします。

- カード①を引く確率は p_1
- カード②を引く確率は p_2

このとき、それぞれの賞金に確率を掛けてすべて足し合わせた値、すなわち、

$$x_1 p_1 + x_2 p_2$$

は賞金の**確率による重み付きの平均**を取ったもので、得られる賞金の 平均的な値 を表すと考えられます。

期待値

　上の話を一般化します。

　「カードを引いて得られる賞金」のように、試行の結果で値が定まるものを一般に**確率変数**と呼びます。

　ある試行の確率変数 X があり、その確率変数 X は、1回の試行で n 個の値 $x_1, x_2, \ldots, x_n$ のうち一つを取るものとします。ま

た、それぞれの値を取る確率は次の通りとします。

- 値 x_1 を取る確率は p_1
- 値 x_2 を取る確率は p_2
- $\cdots$
- 値 x_n を取る確率は p_n

このとき、それぞれの値に確率を掛けてすべて足し合わせた値、すなわち、

$$x_1 p_1 + x_2 p_2 + \cdots + x_n p_n$$

の値を確率変数 X の**期待値**といいます。 確率変数 X の期待値を、

$$E[X]$$

で表します。すなわち、

$$E[X] = x_1 p_1 + x_2 p_2 + \cdots + x_n p_n$$

です。確率変数 X の期待値は、それぞれの値の**確率による重み付きの平均**で、確率変数 X が取る 平均的な値 を表すと考えられます。確率変数 X の期待値は $\sum$ を使って次のように表すこともできます。

$$E[X] = \sum_{k=1}^{n} x_k p_k$$

また、確率変数 X が値 x_k を取る確率を $\Pr(X = x_k)$ で表すならば、確率変数 X の期待値は次のように表すこともできます。

$$E[X] = \sum_{k=1}^{n} x_k \Pr(X = x_k)$$

《未完のゲーム》と期待値

　第5章の《未完のゲーム》では、ゲームを中断するときに、賞金をどのような方法で分配するかを考えました。《勝つ確率で分配する方法》(p. 198) は、賞金を確率変数と見なして、その期待値で分配することにほかなりません。

　ゲームを最後まで続けて A が得る賞金を確率変数 X で表します。勝利者は賞金を総取りするルールですから、確率変数 X が取り得る値は次の通りです。

- A が勝った場合、$x_1 = $ 賞金額
- A が負けた場合、$x_2 = 0$

また、確率は次の通りです。

- 確率変数 X が x_1 を取る確率は $\Pr(A)$（A が勝つ確率）
- 確率変数 X が x_2 を取る確率は $\Pr(B)$（B が勝つ確率）

このとき、確率変数 X の期待値 $E[X]$ は定義より、

$$E[X] = x_1 \Pr(A) + x_2 \Pr(B)$$

になりますが、$x_1 = $ 賞金額 で $x_2 = 0$ ですから、

$$E[X] = 賞金額 \times \Pr(A)$$

となります。そしてこれは確かに p. 198 の《勝つ確率で分配する方法》になっています。

ギャンブルと期待値

　ギャンブル（賭け事）を試行と見なし、得られる賞金を確率変数 X とします。また得られる具体的な賞金 $x_1, x_2, \ldots, x_n$ と、それぞれの確率 $p_1, p_2, \ldots, p_n$ がわかっているとします。そのとき、確率変数 X の期待値、

$$E[X] = x_1 p_1 + x_2 p_2 + \cdots + x_n p_n$$

は、そのギャンブルで得られる 平均的な賞金 を表すと考えられます。

　ギャンブルを 1 回行うために掛かる参加費を C とすると、平均して E[X] を得るために C を支払うことになるので、参加者の 1 回当たりの 平均的な儲け は、

$$E[X] - C$$

になります。

第5章の問題

●**問題 5-1**（二項係数）

$(x+y)^n$ を展開すると、$x^k y^{n-k}$ の係数は二項係数 $\binom{n}{k}$ に等しくなります $(k = 0, 1, 2, \ldots, n)$。このことを、小さな n で実際に計算して確かめましょう。

① $(x+y)^1 =$

② $(x+y)^2 =$

③ $(x+y)^3 =$

④ $(x+y)^4 =$

（解答は p. 325）

●**問題 5-2**（コインを投げる回数）

本文の《未完のゲーム》において、A は残り a 点で勝ち、B は残り b 点で勝つとします。ここから勝利者が決まるまでに、何回コインを投げるでしょうか。コインを投げる回数が最少 m 回、最多 M 回として、m と M を求めてください。ただし、a と b はどちらも 1 以上の整数とします。

（解答は p. 329）

エピローグ

くじ引き

　ある日、あるとき。数学資料室にて。

少女「先生、これは何？」

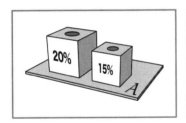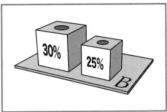

先生「何だと思う？」

少女「パーセントが書いてある箱が並んでますね」

先生「くじ引きの箱なんだ。二つの台A, Bがある。どちらの台
　　にも、くじ引きの箱が二つずつ置いてある。大箱と小箱だ。
　　四つある箱のどれについても、くじが何枚入っているかはわ
　　からない。でも、1枚引いたときに当たりが出る確率が、そ
　　れぞれの箱に書いてある」

当たりが出る確率

	大箱	小箱
台 A	20％	15％
台 B	30％	25％

少女「どちらの台も、大箱の方が当たりやすくなってます」

$$20\,\% > 15\,\% \qquad 30\,\% > 25\,\%$$
$$台 A \qquad\qquad 台 B$$

先生「その通り。ところで台が二つあると場所を取るから、両方のくじを一つの台 C にまとめることにする」

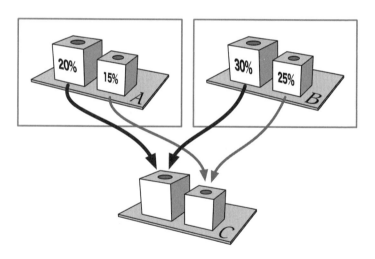

少女「大箱同士、小箱同士でまとめたんですね」

先生「そうだよ。まとめた後の確率はわからないけど、台 C にまとめた後でも、大箱の方が当たりの確率は高いよね？」

少女「そりゃそうっすね。どちらの台でも、大箱の方が当たりやすかったですから」

先生「確率が難しいのはこういうところだよ」

少女「こういうところ……どういうところですか」

先生「直観が狂って正しい答えが出せなくなるところ」

少女「正しい答えったって、まだ問題出てませんよ、先生」

先生「『まとめた後でも、大箱の方が当たりの確率は高いよね？』——あれが問題だったんだ」

少女「……？」

先生「台Cにまとめると、大箱の方が当たりの確率が低くなる場合があるんだよ」

少女「先生、そんなことあるわけないですよ。台AでもBでも、大箱の方が当たりの確率が高かったんですよ。つまり当たりくじの割合が高いわけですよね。割合が高いもの同士を集めたら、逆転して割合が低くなるなんてこと、あります？」

先生「逆転する具体例を作ってみよう。いま仮に、全体の枚数がこうなっていたとしよう。台AとBの大箱同士、小箱同士を合わせたものが台Cになる」

全体の枚数

	大箱	小箱
台 A	1000 枚	1000 枚
台 B	250 枚	4000 枚
台 C	1250 枚	5000 枚

少女「……当たりの枚数を計算してみます」

当たりの枚数

	大箱	小箱
台 A	$1000 \times 20\% = 200$ 枚	$1000 \times 15\% = 150$ 枚
台 B	$250 \times 30\% = 75$ 枚	$4000 \times 25\% = 1000$ 枚
台 C	$200 + 75 = 275$ 枚	$150 + 1000 = 1150$ 枚

先生「これで確率も計算できる」

少女「はい。台 C の箱で当たりが出る確率を計算します。

台 C の大箱（1250 枚中、当たりは 275 枚）

$$\frac{275}{1250} = 0.22 = \underline{22\%}$$

台 C の小箱（5000 枚中、当たりは 1150 枚）

$$\frac{1150}{5000} = 0.23 = \underline{23\%}$$

確かに小箱の方が確率が高いですね！」

当たりの確率

	大箱	小箱
台A	$\dfrac{200\,枚}{1000\,枚}=20\,\%$	$\dfrac{150\,枚}{1000\,枚}=15\,\%$
台B	$\dfrac{75\,枚}{250\,枚}=30\,\%$	$\dfrac{1000\,枚}{4000\,枚}=25\,\%$
台C	$\dfrac{275\,枚}{1250\,枚}=22\,\%$	$\dfrac{1150\,枚}{5000\,枚}=23\,\%$

先生「意外な結果になる。だから、パーセントが出てきたら必ず、必ず、必ず！

　《全体は何か》

と問わなくてはならないんだ」

少女「でも先生。このくじの場合には、全体が何かわかりません」

先生「そうだね。このくじの場合には、箱ごとのパーセントはわかっている。でも、箱に入っているくじの枚数はわからない。つまり、箱によって全体が異なっている可能性がある。だから、合わせたときに思いがけないことが起きるかもしれない。パーセントじゃなくて枚数という《実際の値》を確認しなくちゃまずいことになる」

少女「普通は、くじ引きを合わせたりしませんけどね」

先生「だったら、こんな表はどうだろう。ある資格試験の合格率を学校別、男女別に表にしたものだとしよう。これはあくまで架空の例だけど、こういう表があったらどう思う？」

資格試験の合格率（学校別）

	男性	女性
学校 A	20 %	15 %
学校 B	30 %	25 %

少女「学校 A も学校 B も、男性の方が合格率が高いですが……こ
れって、さっきのくじ引きと同じパーセントですね、先生」

先生「そうなんだ。つまり、くじの枚数を人数に読み替えること
ができる。大箱を男性に、小箱を女性に、そして当たりを合
格に置き換える」

少女「くじを合わせるのは、学校 A と B を合計すること？」

先生「そういうこと。もしも仮に、くじの枚数と同じ人数がいる
とするなら、くじを合わせたときの計算とまったく同じ計算
をして、こんな表ができる」

資格試験の合格率（合計）

	男性	女性
合格率	22 %	23 %

少女「合計すると、逆転して女性の方が合格率が高くなります！」

先生「実生活で、くじ引きを合わせることはないかもしれない。け
れど、このような表を見かけることがあってもおかしくはな
い。まったく同じデータで計算しても、学校別にするか合計
するかで割合の大小が逆転することがある。データにも嘘は
ない。計算にも嘘はない。それなのに、印象がずいぶん違う」

少女「どうすればいいんでしょう。パーセントを見たときには

《全体は何か》を考えて注意すればいいんでしょうか」

先生「そうだね。さらに、パーセントを見たときには《実際の値》も考えよう。合格率を見たならば、合格数も調べよう。そうやって注意するんだね」

トランプ

少女「先生、こっちにあるトランプも問題でしょうか」

♠A	♠2	♠3	♠4	♠5	♠6	♠7	♠8	♠9	♠10	♠J	♠Q	♠K
♡A	♡2	♡3	♡4	♡5	♡6	♡7	♡8	♡9	♡10	♡J	♡Q	♡K
♣A	♣2	♣3	♣4	♣5	♣6	♣7	♣8	♣9	♣10	♣J	♣Q	♣K
◇A	◇2	◇3	◇4	◇5	◇6	◇7	◇8	◇9	◇10	◇J	◇Q	◇K

ジョーカーを除いた 52 枚のトランプ

先生「ジョーカーを除いたトランプ52枚をよく切って山を作り、
そこから1枚引く。たとえば♡Qが出る。

♡Q

出たカードはメモしておく」

少女「はい」

先生「メモしたら、いま引いたカードを山に戻す。そしてまた
52枚をよく切って山を作り、そこから1枚引く。たとえば
♣2が出る。それをメモする。

このようにカードを引いてはメモする操作を10回繰り返す」

少女「はい。10回繰り返したとします」

先生「その10回の中に、同じカードは再登場するだろうか」

少女「再登場というのは、たとえば、3回目と7回目に ♠A が出

ることですか」

3 回目と 7 回目に ♠A が再登場した例

先生「そういうこと。もちろん、再登場しない場合もある」

同じカードは再登場しなかった例

少女「3 回以上出てきた場合も再登場なんですよね？」

3 回目と 7 回目と 10 回目に ♠A が再登場した例

先生「そうだね」

少女「トランプは全部で 52 枚もあるんですから、たった 10 回繰
り返しただけでは、なかなか再登場しないと思います。20 回
くらい繰り返せば再登場しそうですが」

先生「再登場する確率を計算してみよう」

少女「すべての場合の数は 52^{10} 通りです。再登場する場合の数
は……これは、10 回ではなく《小さな数で考える》のが良さ

そうですね」

先生「なるほど」

少女「たとえば、3回で考えますと――

- 1回目は、何が出ても再登場しません。
- 2回目は、1回目と同じカードが出れば再登場です。
- 3回目は、1回目か2回目と同じカードが……

先生、これ難しいですよ。1回目と2回目が同じ場合があり
ますから」

先生「そうだね」

少女「1回目は、何でもいい。2回目は、1回目と同じなら再登
場で、違うなら再登場じゃない。そこまでは明確です。でも
3回目はそんなに明確じゃありません。場合分けが要ります
ね。難しいっす！」

先生「……」

少女「1回目は、52通りすべてが再登場じゃない。2回目は、1回
目と同じ1通りなら再登場で、1回目と違う51通りなら再
登場じゃない……わかりました！　再登場しない方を数え
ます！」

先生「おお！」

少女「《再登場しない確率》がわかれば、《再登場する確率》もわ
かります！」

先生「余事象によく気付いたね」

少女「カードを引くたびに、それまでに出たどれとも異なるカードを出し続ける場合の数を考えます」

- 1回目は、どのカードを選んでも、
  再登場じゃありません。<u>52 通り</u> あります。
- 2回目は、1回目とは異なるカードを選べば、
  再登場じゃありません。<u>51 通り</u> あります。
- 3回目は、1, 2回目のどちらとも異なるカードを選べば、
  再登場じゃありません。<u>50 通り</u> あります。
- 4回目は、3回目までのどれとも異なるカードを選べば、
  再登場じゃありません。<u>49 通り</u> あります。
- 5回目は、4回目までのどれとも異なるカードを選べば、
  再登場じゃありません。<u>48 通り</u> あります。
- 6回目は、5回目までのどれとも異なるカードを選べば、
  再登場じゃありません。<u>47 通り</u> あります。
- 7回目は、6回目までのどれとも異なるカードを選べば、
  再登場じゃありません。<u>46 通り</u> あります。
- 8回目は、7回目までのどれとも異なるカードを選べば、
  再登場じゃありません。<u>45 通り</u> あります。
- 9回目は、8回目までのどれとも異なるカードを選べば、
  再登場じゃありません。<u>44 通り</u> あります。
- 10回目は、9回目までのどれとも異なるカードを選べば、
  再登場じゃありません。<u>43 通り</u> あります。

少女「ですから、再登場しない場合の数は、

$$\underbrace{52 \times 51 \times 50 \times 49 \times 48 \times 47 \times 46 \times 45 \times 44 \times 43}_{10 \text{個}}$$

になって、再登場しない確率は、

$$\frac{52 \times 51 \times 50 \times 49 \times 48 \times 47 \times 46 \times 45 \times 44 \times 43}{52 \times 52 \times 52 \times 52 \times 52 \times 52 \times 52 \times 52 \times 52 \times 52}$$
$$= \frac{57407703889536000}{144555105949057024}$$
$$= 0.39713 \cdots$$

となります。ですから、再登場する確率は、

$$1 - 0.39713\cdots = 0.60287\cdots$$

です。再登場する確率、約 60 ％ですと⁉」

先生「驚きだね」

少女「驚きです……！」

先生「もしも 20 回繰り返したら確率は約 99 ％になるよ。n 回繰り返したときに再登場する確率 P(n) はこうだから」

$$P(n) = 1 - \frac{52}{52} \cdot \frac{51}{52} \cdot \frac{50}{52} \cdots \frac{53 - n}{52}$$
$$= 1 - \prod_{k=1}^{n} \frac{53 - k}{52}$$

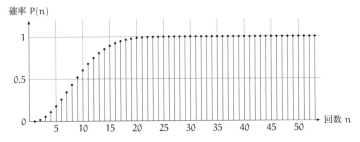

n 回繰り返したときに同じカードが再登場する確率 P(n)

少女「こんなに急激に増えるんですか！」

先生「53 回で再登場の確率はちょうど 1 になり、もちろんそれ以上も確率は 1 だ」

少女「鳩の巣原理っすね！」

- 52 個の巣に 53 羽の鳩が入ったら、
  2 羽以上入っている巣がある。
- 52 枚のカードを 53 回引いたら、
  2 回以上出てくるカードがある。

先生「その通りだね。同じ計算を**誕生日**で行うこともできる。トランプのカード 52 枚の代わりに一年の日数 366 日を使う。閏年も入ってしまうけど、どの日に生まれる確率も等しいと仮定する。ランダムに選んだ n 人グループで誕生日が一致する人がいる確率を Q(n) とすると、

$$Q(n) = 1 - \frac{366}{366} \cdot \frac{365}{366} \cdot \frac{364}{366} \cdots \frac{367-n}{366}$$

$$= 1 - \prod_{k=1}^{n} \frac{367-k}{366}$$

となる。これなら、23 人のグループに同じ誕生日の人が存在する確率は 50 ％を超すし、50 人のグループになれば確率は約 97 ％になる」

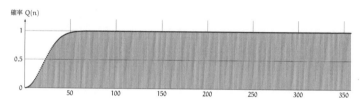

n 人グループで同じ誕生日の人がいる確率 $Q(n)$

少女「驚きです！」

先生「驚きだね。これは**誕生日のパラドックス**と呼ばれている」

少女「誕生日のパラドックスは、意外に早く鳩の巣が埋まるというパラドックスなんですね。いわば《確率的な鳩の巣原理》でしょうか！」

　少女はそう言って、くふふふっと笑った。

【解答】
A N S W E R S

第1章の解答

●**問題 1-1**（コインを 2 回投げる）

フェアなコインを 2 回投げることにします。このとき、

⓪　「表」が 0 回出る。
①　「表」が 1 回出る。
②　「表」が 2 回出る。

という 3 通りのいずれか 1 通りが起きます。
したがって⓪, ①, ② が起きる確率はいずれも $\frac{1}{3}$ です。

この説明の誤りを指摘し、正しい確率を求めてください。

■**解答 1-1**

　フェアなコインを 2 回投げるとき「⓪, ①, ② の 3 通りのいずれか 1 通りが起きる」は正しい主張です。

　しかしそこから「⓪, ①, ② が起きる確率はいずれも $\frac{1}{3}$」という結論を導くことはできません。なぜなら、「⓪, ①, ②は同じくらい起きやすい」という仮定が成り立たないからです。

　定義（p. 12）に従って確率を求めます。
　フェアなコインを 2 回投げるときに起きるかもしれないことを、次のように考えます。

- 「裏裏」が出る（1回目に裏、2回目も裏が出る）。
- 「裏表」が出る（1回目に裏、2回目は表が出る）。
- 「表裏」が出る（1回目に表、2回目は裏が出る）。
- 「表表」が出る（1回目に表、2回目も表が出る）。

このとき、

- 4通りのどれかが起きる。
- 4通りのうち、起きるのは1通りである。
- 4通りのどれも、同じくらい起きやすい。

がいえますので、「裏裏」「裏表」「表裏」「表表」が出る確率はいずれも $\frac{1}{4}$ です。

　また、⓪, ①, ②が起きる正しい確率は、

⓪ 「表」が0回出るのは、4通りのうち「裏裏」の1通りですから、確率は $\frac{1}{4}$ です。

① 「表」が1回出るのは、4通りのうち「裏表」または「表裏」の2通りですから、確率は $\frac{2}{4} = \frac{1}{2}$ です。

② 「表」が2回出るのは、4通りのうち「表表」の1通りですから、確率は $\frac{1}{4}$ です。

●問題 1-2 (サイコロを振る)

フェアなサイコロを 1 回振ることにします。このとき、次の
ⓐ～ⓔの確率をそれぞれ求めてください。

ⓐ ⚂が出る確率
ⓑ 偶数の目が出る確率
ⓒ 偶数または 3 の倍数の目が出る確率
ⓓ ⚅より大きい目が出る確率
ⓔ ⚅以下の目が出る確率

■解答 1-2

定義 (p. 12) に従って確率を求めましょう。

フェアなサイコロを 1 回振るときには、

$$⚀, ⚁, ⚂, ⚃, ⚄, ⚅$$

の 6 通りが出る可能性があります。そして、

- 6 通りのどれかが起きる。
- 6 通りのうち、起きるのは 1 通りである。
- 6 通りのどれも、同じくらい起きやすい。

が成り立ちます。したがって、ⓐ～ⓔが起きる場合の数を求めれ
ば、それぞれの確率を得ることができます。

ⓐ 6 通りのうち、⚂が出るのは 1 通りです。したがって、⚂が
  出る確率は $\frac{1}{6}$ です。
ⓑ 6 通りのうち、偶数の目が出るのは ⚁, ⚃, ⚅ の 3 通りです。
  したがって、偶数の目が出る確率は $\frac{3}{6} = \frac{1}{2}$ です。

ⓒ 6通りのうち、偶数または3の倍数の目が出るのは、🎲,🎲,🎲,🎲 の4通りです。したがって、偶数または3の倍数の目が出る確率は $\frac{4}{6} = \frac{2}{3}$ です。🎲は、偶数と3の倍数の両方に当てはまるので、だぶって数えないように注意してください。

ⓓ 6通りのうち、🎲より大きい目が出るのは0通りです。したがって、🎲より大きい目が出る確率は $\frac{0}{6} = 0$ です。

ⓔ 6通りのうち、🎲以下の目が出るのは🎲,🎲,🎲,🎲,🎲,🎲 の6通りです。したがって、🎲以下の目が出る確率は $\frac{6}{6} = 1$ です。

答　ⓐ $\frac{1}{6}$，　ⓑ $\frac{1}{2}$，　ⓒ $\frac{2}{3}$，　ⓓ 0，　ⓔ 1

●問題 1-3（確率を比較する）

フェアなコインを5回投げることにします。確率 p と q をそれぞれ、

p ＝ 結果が「表表表表表」になる確率

q ＝ 結果が「裏表表表裏」になる確率

としたとき、p と q の大小を比較してください。

■解答 1-3

フェアなコインを5回投げるとき、起きる可能性があるのは、全部で $2 \times 2 \times 2 \times 2 \times 2 = 2^5 = 32$ 通りです。

```
裏裏裏裏裏　　裏表裏裏裏　　表裏裏裏裏　　表表裏裏裏
裏裏裏裏表　　裏表裏裏表　　表裏裏裏表　　表表裏裏表
裏裏裏表裏　　裏表裏表裏　　表裏裏表裏　　表表裏表裏
裏裏裏表表　　裏表裏表表　　表裏裏表表　　表表裏表表
裏裏表裏裏　　裏表表裏裏　　表裏表裏裏　　表表表裏裏
裏裏表裏表　　裏表表裏表　　表裏表裏表　　表表表裏表
裏裏表表裏　　**裏表表表裏**　　表裏表表裏　　表表表表裏
裏裏表表表　　裏表表表表　　表裏表表表　　**表表表表表**
```

ここで、

- 32 通りのどれかが起きる。
- 32 通りのうち、起きるのは 1 通りである。
- 32 通りのどれも、同じくらい起きやすい。

がいえます。「表表表表表」が起きるのは 32 通りのうち 1 通り
で、「裏表表表裏」が起きるのも 32 通りのうち 1 通りです。した
がって、

$$p = 結果が「表表表表表」になる確率 = \frac{1}{32}$$

$$q = 結果が「裏表表表裏」になる確率 = \frac{1}{32}$$

となり、

$$p = q$$

がいえます。

答 p = q （p と q は等しい）

●**問題 1-4**（表が 2 回出る確率）
フェアなコインを 5 回投げたとき、表がちょうど 2 回出る確率を求めてください。

■**解答 1-4**
　フェアなコインを 5 回投げるとき、起きる可能性があるのは、全部で $2 \times 2 \times 2 \times 2 \times 2 = 2^5 = 32$ 通りです。

裏裏裏裏裏	裏表裏裏裏	表裏裏裏裏	**表表裏裏裏**
裏裏裏裏表	**裏表裏裏表**	**表裏裏裏表**	表表裏裏表
裏裏裏表裏	**裏表裏表裏**	**表裏裏表裏**	表表裏表裏
裏裏裏表表	裏表裏表表	表裏裏表表	表表裏表表
裏裏表裏裏	**裏表表裏裏**	**表裏表裏裏**	表表表裏裏
裏裏表裏表	裏表表裏表	表裏表裏表	表表表裏表
裏裏表表裏	裏表表表裏	表裏表表裏	表表表表裏
裏裏表表表	裏表表表表	表裏表表表	表表表表表

ここで、

- 32 通りのどれかが起きる。
- 32 通りのうち、起きるのは 1 通りである。
- 32 通りのどれも、同じくらい起きやすい。

がいえます。表が 2 回出るのは、太字で書いた 10 通りですから、求める確率は、

$$\frac{10}{32} = \frac{5}{16}$$

になります。

答 $\dfrac{5}{16}$ （0.3125 でも同じ）

別解 1

起きる可能性のあるすべてを列挙しなくても、場合の数が得られれば確率を求めることができます。

フェアなコインを 5 回投げるうち、1〜5 回目のどこで表が出るかを考えます。1〜5 回目の 5 箇所のどこかで表が一つ出て、そのそれぞれに対して残りの 4 箇所のどこかでもう一つ表が出ることになりますので、$5 \times 4 = 20$ 通りの場合があります。しかしこの計算だと「2 回目と 5 回目」および「5 回目と 2 回目」のように 2 倍だぶって数えていることになりますので、20 を 2 で割って、10 通りの場合があります。

したがって、32 通りのうち表が 2 回出るのは 10 通りとなり、求める確率は、

$$\dfrac{10}{32} = \dfrac{5}{16}$$

になります。

答 $\dfrac{5}{16}$ （0.3125 でも同じ）

別解 2

フェアなコインを 5 回投げるうち、1〜5 回目の 2 箇所で表が出る場合の数を求めます。これは、5 箇所から 2 箇所を選ぶ組み合わせの数になりますので、

5箇所から2箇所を選ぶ組み合わせの数 $= \begin{pmatrix} 5 \\ 2 \end{pmatrix}$ 　　（これは $_5C_2$ と同じ）

$$= \frac{5 \times 4}{2 \times 1}$$
$$= 10$$

から、10通りの場合があります。

　したがって、32通りのうち表が2回出るのは10通りとなり、求める確率は、

$$\frac{10}{32} = \frac{5}{16}$$

になります。

答　$\frac{5}{16}$ （0.3125 でも同じ）

●問題 1-5 （確率の値の範囲）
ある確率を p としたとき、

$$0 \leqq p \leqq 1$$

が成り立つことを確率の定義（p. 12）を使って証明してください。

■解答 1-5
証明

　確率の定義（p. 12）により、全部で N 通りのうち、n 通りのいずれかが起きる確率 p は、

$$p = \frac{n}{N}$$

になります。ここで、N は《すべての場合の数》で、n は《注目している場合の数》ですから、

$$0 \leqq n \leqq N$$

が成り立ちます。N > 0 なので、0, n, N をそれぞれ N で割っても不等号の向きは変わりません。よって、

$$\frac{0}{N} \leqq \frac{n}{N} \leqq \frac{N}{N}$$

すなわち、

$$0 \leqq \frac{n}{N} \leqq 1$$

が成り立ち、

$$0 \leqq p \leqq 1$$

が示されました。

(証明終わり)

第2章の解答

●**問題2-1**（12枚のトランプ）

12枚の絵札をよく切って1枚を引きます。このとき、①〜⑤
の確率をそれぞれ求めてください。

12枚の絵札

① ♡Q が出る確率
② J または Q が出る確率
③ ♠ が出ない確率
④ ♠ または K が出る確率
⑤ ♡ 以外の Q が出る確率

■**解答2-1**

　12枚の絵札をよく切ってから引いていますから、どのカード
も同じくらい出やすいと仮定できます。したがって、場合の数を
使って確率を求められます。

① 全部で 12 通りのうち、♡Q が出るのは次の 1 通りです。

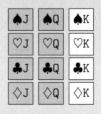

したがって、♡Q が出る確率は $\frac{1}{12}$ です。

② 全部で 12 通りのうち、J または Q が出るのは次の 8 通りです。

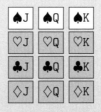

したがって、J または Q が出る確率は $\frac{8}{12} = \frac{2}{3}$ です。なお、この確率は、J が出る確率 $\frac{1}{3}$ と Q が出る確率 $\frac{1}{3}$ の和に等しくなります。

③ 全部で 12 通りのうち、♠ が出ないのは次の 9 通りです。

したがって、♠ が出ない確率は $\frac{9}{12} = \frac{3}{4}$ です。なお、この確率は、

1 から ♠ が出る確率 $\frac{1}{4}$ を引いた値に等しくなります。

④　全部で 12 通りのうち、♠ または K が出るのは次の 6 通り
です。

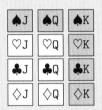

したがって、♠ または K が出る確率は $\frac{6}{12} = \frac{1}{2}$ です。なお、♠K
をだぶって数えないように注意しましょう。

⑤　全部で 12 通りのうち、♡ 以外の Q が出るのは次の 3 通り
です。

したがって、♡ 以外の Q が出る確率は $\frac{3}{12} = \frac{1}{4}$ です。

答　① $\frac{1}{12}$,　② $\frac{2}{3}$,　③ $\frac{3}{4}$,　④ $\frac{1}{2}$,　⑤ $\frac{1}{4}$

●**問題 2-2**（2枚のコインで1枚目が表）
2枚のフェアなコインを順番に投げたところ、1枚目に表が出ました。このとき、2枚とも表である確率を求めてください。

■**解答 2-2**

2枚のコインを順番に投げたときに起きる可能性は、

$$\boxed{裏裏}\ \boxed{裏表}\ \boxed{表裏}\ \boxed{表表}$$

の4通りありますが、1枚目が表になるのは次の2通りです。

$$\boxed{表裏}\ \boxed{表表}$$

このうち、2枚とも表になるのは表表の1通りです。したがって、求める確率は、

$$\frac{\boxed{}\ \boxed{表表}}{\boxed{表裏}\ \boxed{表表}} = \frac{1}{2}$$

となります。

答 $\dfrac{1}{2}$

別解

1枚目が表なのはもうわかっていますので、2枚とも表になるのは2枚目が表のときです。2枚目のコインを投げるときに表が出る確率は $\frac{1}{2}$ なので、求める確率は $\frac{1}{2}$ です。

答 $\dfrac{1}{2}$

●**問題 2-3**（2枚のコインで少なくとも1枚が表）

2枚のフェアなコインを順番に投げたところ、少なくとも1枚は表でした。このとき、2枚とも表である確率を求めてください。

■解答 2-3

2枚のコインを順番に投げたときに起きる可能性は、

$$\boxed{裏裏}\ \boxed{裏表}\ \boxed{表裏}\ \boxed{表表}$$

の4通りありますが、表になったコインが少なくとも1枚あるのは、次の3通りです。

$$\boxed{裏表}\ \boxed{表裏}\ \boxed{表表}$$

このうち、2枚とも表になるのは表表の1通りです。したがって、求める確率は、

$$\frac{\boxed{}\ \boxed{}\ \boxed{表表}}{\boxed{裏表}\ \boxed{表裏}\ \boxed{表表}} = \frac{1}{3}$$

となります。

$$答\ \frac{1}{3}$$

補足

問題 2-2 と問題 2-3 で確率が異なることに注意してください。2枚のコインを投げたときの場合の数は次の4通りです。

| 裏裏 | 裏表 | 表裏 | 表表 |

ここから、問題文で与えられた条件（ヒント）によって、いくつかの場合が除外されます。

問題 2-2 では、1枚目は表であるという条件が与えられました。したがって 1枚目が裏になる 2通りが除外になり、《すべての場合》は次の 2通りです。

| | | 表裏 | 表表 |

問題 2-3 では、少なくとも 1枚が表であるという条件が与えられました。したがって、裏裏の 1通りが除外になり、《すべての場合》は次の 3通りです。

| | 裏表 | 表裏 | 表表 |

問題 2-2 と問題 2-3 とでは、《すべての場合》の数が異なり、確率も異なることになります。

●**問題 2-4**（トランプを 2枚引く）

12枚の絵札から 2枚のカードを引いたとき、2枚とも Q になる確率を求めてください。

① 12枚の中から 1枚目を引き、続いて残りの 11枚の中から 2枚目を引く場合

② 12枚の中から 1枚目を引き、そのカードをいったん戻して再び 12枚の中から 2枚目を引く場合

■解答 2-4

① 12枚の中から1枚目を引き、続いて残りの11枚の中から2枚目を引く場合、場合の数は全部で、

$$12 \times 11 = 132$$

通りあります。2枚ともQになるのは、全部で4枚のQの中から1枚目を引き、残った3枚のQから2枚目を引くときですから、場合の数は、

$$4 \times 3 = 12$$

通りあります。したがって、求める確率は、

$$\frac{4 \times 3}{12 \times 11} = \frac{12}{132} = \frac{1}{11}$$

となります。

答　$\frac{1}{11}$

② 12枚の中から1枚目を引き、そのカードをいったん戻して再び12枚の中から2枚目を引く場合、場合の数は全部で、

$$12 \times 12 = 144$$

通りあります。2枚ともQになるのは、1枚目のときも2枚目のときも全部で4枚あるQの中から1枚を引くことになるので、場合の数は、

$$4 \times 4 = 16$$

通りあります。したがって、求める確率は、

$$\frac{4 \times 4}{12 \times 12} = \frac{16}{144} = \frac{1}{9}$$

となります。

$$答\ \frac{1}{9}$$

別解

① 全部で 12 枚の絵札のうち Q は 4 枚ですから、1 枚目を引いたときに Q になる確率は、

$$\frac{4}{12} = \frac{1}{3}$$

です。残った 11 枚の絵札のうち残った Q は 3 枚ですから、2 枚目を引いたときに Q になる確率は、

$$\frac{3}{11}$$

です。したがって、この両方が起きる確率は、

$$\frac{1}{3} \times \frac{3}{11} = \frac{1}{11}$$

となります。

$$答\ \frac{1}{11}$$

② 　全部で 12 枚の絵札のうち Q は 4 枚ですから、1 枚目を引いたときに Q になる確率は、

$$\frac{4}{12} = \frac{1}{3}$$

です。1 枚目に引いたカードは 2 枚目を引くときに戻しますから、2 枚目を引いたときに Q になる確率は同じく、

$$\frac{4}{12} = \frac{1}{3}$$

です。したがって、この両方が起きる確率は、

$$\frac{1}{3} \times \frac{1}{3} = \frac{1}{9}$$

となります。

答　$\frac{1}{9}$

第3章の解答

●**問題 3-1**（コインを 2 回投げる試行のすべての事象）

コインを 2 回投げる試行を考えるとき、全事象 U は、

$$U = \{\,表表, 表裏, 裏表, 裏裏\,\}$$

と表すことができます。集合 U の部分集合はいずれも、この試行における事象になります。たとえば、次の三つの集合はいずれも、この試行における事象です。

$$\{\,裏裏\,\},\quad \{\,表表, 表裏\,\},\quad \{\,表表, 表裏, 裏裏\,\}$$

この試行における事象は全部で何個ありますか。また、そのすべてを列挙してください。

■**解答 3-1**

この試行における事象は、全事象が持つ 4 個の要素（表表、表裏、裏表、裏裏）のうち、どれを要素に持つか持たないかで決まります。したがって、事象の数は 全部で $2 \times 2 \times 2 \times 2 = 2^4 = 16$ 個 あります。すべての事象は次の通りです。

{				}	空事象
{			裏裏	}	根元事象
{		裏表		}	根元事象
{		裏表,	裏裏	}	
{	表裏			}	根元事象
{	表裏,		裏裏	}	
{	表裏,	裏表		}	
{	表裏,	裏表,	裏裏	}	
{ 表表				}	根元事象
{ 表表,			裏裏	}	
{ 表表,		裏表		}	
{ 表表,		裏表,	裏裏	}	
{ 表表,	表裏			}	
{ 表表,	表裏,		裏裏	}	
{ 表表,	表裏,	裏表		}	
{ 表表,	表裏,	裏表,	裏裏	}	全事象

補足

すべての事象は、

- 裏裏 を要素に持つか持たないか、
- 裏表 を要素に持つか持たないか、
- 表裏 を要素に持つか持たないか、
- 表表 を要素に持つか持たないか、

で決まります。要素を持つことを 1 で、持たないことを 0 で表すと、すべての事象は次のように「4 桁の 2 進法で表される整数」に対応付けることができます。

```
0000  ←----→  {                              }
0001  ←----→  {                         裏裏  }
0010  ←----→  {                   裏表       }
0011  ←----→  {                   裏表, 裏裏  }
0100  ←----→  {             表裏             }
0101  ←----→  {             表裏,       裏裏  }
0110  ←----→  {             表裏, 裏表       }
0111  ←----→  {             表裏, 裏表, 裏裏  }
1000  ←----→  {  表表,                       }
1001  ←----→  {  表表,                  裏裏  }
1010  ←----→  {  表表,            裏表       }
1011  ←----→  {  表表,            裏表, 裏裏  }
1100  ←----→  {  表表, 表裏                  }
1101  ←----→  {  表表, 表裏,            裏裏  }
1110  ←----→  {  表表, 表裏, 裏表            }
1111  ←----→  {  表表, 表裏, 裏表, 裏裏      }
```

なお、2進法については参考文献 [4] 『数学ガールの秘密ノート／ビットとバイナリー』を参照してください。

●**問題 3-2**（コインを n 回投げる試行のすべての事象）

コインを n 回投げる試行を考えます。この試行の事象は、全部で何個ありますか。

■解答 3-2

コインを n 回投げる試行で、全事象の要素はいずれも、

$$\underbrace{\text{表裏裏} \cdots \text{表裏表}}_{n \text{個}}$$

のように《表または裏が n 個並んだ列》として表せます。ですから、全事象の要素数は全部で 2^n 個あります（これは根元事象の個数でもあります）。解答 3-1（p. 292）と同様に考えて、

$$\text{すべての事象の個数} = 2^{\text{全事象の要素数}} = 2^{2^n}$$

となります。

$$\text{答　} 2^{2^n} \text{個}$$

補足

問題 3-2 の解答で $n = 2$ のときが問題 3-1 の場合に相当します。確かに $n = 2$ のとき、

$$2^{2^n} = 2^{2^2} = 2^4 = 16$$

で、問題 3-1 の答えと一致します。

●**問題 3-3**（排反）

サイコロを 2 回振る試行を考えます。次の①～⑥に示した事象の組のうち、互いに排反になっている組をすべて挙げてください。なお、1 回目に出た目を整数 a で表し、2 回目に出た目を整数 b で表すことにします。

① $a = 1$ になる事象と、$a = 6$ になる事象
② $a = b$ になる事象と、$a \neq b$ になる事象
③ $a \leqq b$ になる事象と、$a \geqq b$ になる事象
④ a が偶数になる事象と、b が奇数になる事象
⑤ a が偶数になる事象と、ab が奇数になる事象
⑥ ab が偶数になる事象と、ab が奇数になる事象

■**解答 3-3**

　二つの事象が共に起きることがなければ排反で、共に起きることがあれば排反ではありません。

① 　$a = 1$ になる事象と、$a = 6$ になる事象
排反です。1 回目に出た目 a が 1 であり、しかも 6 になることはありません。

② 　$a = b$ になる事象と、$a \neq b$ になる事象
排反です。1 回目と 2 回目の目が等しく、しかも等しくないことはありません。

③　$a \leqq b$ になる事象と、$a \geqq b$ になる事象

排反ではありません。たとえば、$a = 1$ で $b = 1$ の場合、$a \leqq b$ と $a \geqq b$ は共に成り立ちます。

④　a が偶数になる事象と、b が奇数になる事象

排反ではありません。たとえば、$a = 2$ で $b = 1$ の場合、a が偶数で b が奇数になります。

⑤　a が偶数になる事象と、ab が奇数になる事象

排反です。a が偶数ならば、a と b の積 ab も偶数になります。ですから積 ab は奇数になりません。

⑥　ab が偶数になる事象と、ab が奇数になる事象

排反です。積 ab が偶数であり、しかも奇数であることはありません。

答　①, ②, ⑤, ⑥

別解

二つの事象を具体的に列挙し、共通部分が空集合ならば排反で、空集合でなければ排反ではありません。以下では、

という図を塗って事象を表現します。

①　$a=1$ になる事象と、$a=6$ になる事象
排反です。

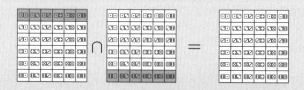

②　$a=b$ になる事象と、$a \neq b$ になる事象
排反です。

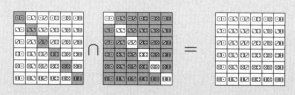

③　$a \leqq b$ になる事象と、$a \geqq b$ になる事象

排反ではありません。

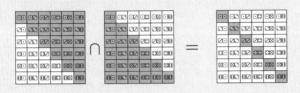

④　a が偶数になる事象と、b が奇数になる事象

排反ではありません。

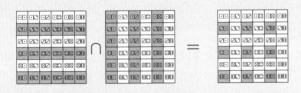

⑤　a が偶数になる事象と、ab が奇数になる事象

排反です。

⑥ ab が偶数になる事象と、ab が奇数になる事象

排反です。

答 ①, ②, ⑤, ⑥

●問題 3-4 (独立)

フェアなサイコロを 1 回振る試行を考えます。奇数の目が出る事象を A とし、3 の倍数の目が出る事象を B としたとき、二つの事象 A と B とは独立ですか。

■解答 3-4

独立の定義にしたがって判断します。すなわち、

$$\mathrm{Pr}(A \cap B) = \mathrm{Pr}(A)\,\mathrm{Pr}(B)$$

が成り立てば独立で、成り立たなければ独立ではありません。

A, B, A ∩ B をそれぞれサイコロの目を使って表すと、

$$A = \{\overset{1}{\boxdot}, \overset{3}{\boxdot}, \overset{5}{\boxdot}\}$$ 　奇数の目が出る事象

$$B = \{\overset{3}{\boxdot}, \overset{6}{\boxdot}\}$$ 　3 の倍数の目が出る事象

$$A \cap B = \{\overset{3}{\boxdot}\}$$ 　A と B の共通事象

となります。また全事象を U とすると、

$$U = \{\overset{1}{\boxdot}, \overset{2}{\boxdot}, \overset{3}{\boxdot}, \overset{4}{\boxdot}, \overset{5}{\boxdot}, \overset{6}{\boxdot}\}$$

です。ここから確率を計算します。

$$
\begin{aligned}
\Pr(A \cap B) &= \frac{|A \cap B|}{|U|} \\[2mm]
&= \frac{|\{\overset{3}{\boxdot}\}|}{|\{\overset{1}{\boxdot}, \overset{2}{\boxdot}, \overset{3}{\boxdot}, \overset{4}{\boxdot}, \overset{5}{\boxdot}, \overset{6}{\boxdot}\}|} \\[2mm]
&= \frac{1}{6} \\[2mm]
\Pr(A)\Pr(B) &= \frac{|A|}{|U|} \times \frac{|B|}{|U|} \\[2mm]
&= \frac{|\{\overset{1}{\boxdot}, \overset{3}{\boxdot}, \overset{5}{\boxdot}\}|}{|\{\overset{1}{\boxdot}, \overset{2}{\boxdot}, \overset{3}{\boxdot}, \overset{4}{\boxdot}, \overset{5}{\boxdot}, \overset{6}{\boxdot}\}|} \times \frac{|\{\overset{3}{\boxdot}, \overset{6}{\boxdot}\}|}{|\{\overset{1}{\boxdot}, \overset{2}{\boxdot}, \overset{3}{\boxdot}, \overset{4}{\boxdot}, \overset{5}{\boxdot}, \overset{6}{\boxdot}\}|} \\[2mm]
&= \frac{3}{6} \times \frac{2}{6} \\[2mm]
&= \frac{1}{2} \times \frac{1}{3} \\[2mm]
&= \frac{1}{6}
\end{aligned}
$$

したがって、

$$\Pr(A \cap B) = \Pr(A)\Pr(B)$$

が成り立ちますので、事象 A と B とは <u>独立</u> です。

補足

もともと 3 の倍数が出る確率は

$$\frac{|\{\overset{3}{\boxdot}, \overset{6}{\boxdot}\}|}{|\{\overset{1}{\boxdot}, \overset{2}{\boxdot}, \overset{3}{\boxdot}, \overset{4}{\boxdot}, \overset{5}{\boxdot}, \overset{6}{\boxdot}\}|} = \frac{2}{6} = \frac{1}{3}$$

です。そこに奇数が出たという条件を付けた場合でも 3 の倍数が出る確率は、

$$\frac{|\{\overset{3}{\boxdot}\}|}{|\{\overset{1}{\boxdot}, \overset{3}{\boxdot}, \overset{5}{\boxdot}\}|} = \frac{1}{3}$$

で値は変わりません。すなわち、奇数が出たという条件は 3 の倍数が出る確率に影響を与えていないことがわかります。これが、事象が独立であることの直観的な意味です。

●問題 3-5（独立）

フェアなコインを 2 回投げる試行を考えます。次の①～④に示した事象 A と B の組のうち、互いに独立になっている組をすべて挙げてください。なお、コインの裏と表には数 0 と 1 がそれぞれ書かれており、1 回目に出た数を m で表し、2 回目に出た数を n で表すことにします。

① $m = 0$ になる事象 A と、$m = 1$ になる事象 B
② $m = 0$ になる事象 A と、$n = 1$ になる事象 B
③ $m = 0$ になる事象 A と、$mn = 0$ になる事象 B
④ $m = 0$ になる事象 A と、$m \neq n$ になる事象 B

■解答 3-5

独立の定義にしたがって判断します。すなわち、

$$\Pr(A \cap B) = \Pr(A)\Pr(B)$$

が成り立てば独立で、成り立たなければ独立ではありません。

① $m = 0$ になる事象 A と、$m = 1$ になる事象 B
独立ではありません。なぜなら、

$$\Pr(A \cap B) = 0, \quad \Pr(A) = \tfrac{1}{2}, \quad \Pr(B) = \tfrac{1}{2}$$

により、

$$\Pr(A \cap B) \neq \Pr(A)\Pr(B)$$

だからです。

② $m = 0$ になる事象 A と、$n = 1$ になる事象 B
独立です。なぜなら、

$$\Pr(A \cap B) = \tfrac{1}{4}, \quad \Pr(A) = \tfrac{1}{2}, \quad \Pr(B) = \tfrac{1}{2}$$

により、

$$\Pr(A \cap B) = \Pr(A)\Pr(B)$$

だからです。

③ $m = 0$ になる事象 A と、$mn = 0$ になる事象 B
独立ではありません。なぜなら、

$$\Pr(A \cap B) = \tfrac{1}{2}, \quad \Pr(A) = \tfrac{1}{2}, \quad \Pr(B) = \tfrac{3}{4}$$

により、

$$\Pr(A \cap B) \neq \Pr(A)\Pr(B)$$

だからです。

④ $m = 0$ になる事象 A と、$m \neq n$ になる事象 B
独立です。なぜなら、

$$\Pr(A \cap B) = \tfrac{1}{4}, \quad \Pr(A) = \tfrac{1}{2}, \quad \Pr(B) = \tfrac{1}{2},$$

により、

$$\Pr(A \cap B) = \Pr(A)\Pr(B)$$

だからです。

答 ②,④

●**問題 3-6**（排反と独立）

次の問いに答えてください。

① 事象 A と B が互いに排反ならば、
事象 A と B は互いに独立であるといえますか。

② 事象 A と B が互いに独立ならば、
事象 A と B は互いに排反であるといえますか。

■**解答 3-6**

① 事象 A と B が互いに排反であっても、事象 A と B は互いに独立であるとは いえません。たとえば、コインを 1 回投げる試行で、表が出る事象 A と裏が出る事象 B ＝ $\overline{A}$ とは排反ですが、独立ではありません。実際、$\Pr(A) = \frac{1}{2}$ で $\Pr(B) = \frac{1}{2}$ ですが、$\Pr(A \cap B) = 0$ なので、

$$\Pr(A \cap B) \neq \Pr(A)\Pr(B)$$

となるからです。また、解答 3-5 の①も、排反ですが独立ではない例になります。

② 事象 A と B が互いに独立であっても、事象 A と B は互いに排反であるとは いえません。たとえば、コインを 2 回投げる試行で、1 回目に表が出る事象 A と、2 回目に表が出る事象 B とは独立ですが、排反ではありません。また、解答 3-5 の②も、独立ですが排反ではない例になります。

補足

　事象 A と B が共に空事象ではないとします。このとき、事象 A と B が排反ならば、絶対に独立にはなりません。

　事象 A と B が排反であることから、

$$\Pr(A \cap B) = 0$$

です。一方、事象 A と B が共に空事象ではないことから、$\Pr(A) \neq 0, \Pr(B) \neq 0$ で、

$$\Pr(A)\Pr(B) \neq 0$$

となり、

$$\Pr(A \cap B) \neq \Pr(A)\Pr(B)$$

がいえるからです。

●**問題 3-7**（条件付き確率）

次の問題は、第 2 章末の問題 2-3（p. 83）です。この問題を
試行、事象、条件付き確率という用語を使って整理した上で
解きましょう。

　2 枚のフェアなコインを順番に投げたところ、少なくと
　も 1 枚は表でした。このとき、2 枚とも表である確率を
　求めてください。

■**解答 3-7**

　2 枚のフェアなコインを順番に投げる試行を考えます。事象 A
と B をそれぞれ次のように定義します。

$$A = 《少なくとも 1 枚は表が出る事象》$$
$$B = 《2 枚とも表である事象》$$

求めるのは、事象 A が起きたという条件のもとで事象 B が起き
る条件付き確率 $\Pr(B \mid A)$ です。

　全事象を U とすると、$U, A, A \cap B$ はそれぞれ次のようになり
ます。

$$U = \{ 表表, 表裏, 裏表, 裏裏 \}$$
$$A = \{ 表表, 表裏, 裏表 \}$$
$$A \cap B = \{ 表表 \}$$

したがって、確率 $\Pr(A)$ と $\Pr(A \cap B)$ はそれぞれ次のようにな
ります。

$$\mathrm{Pr}(A) = \frac{|A|}{|U|}$$

$$= \frac{3}{4}$$

$$\mathrm{Pr}(A \cap B) = \frac{|A \cap B|}{|U|}$$

$$= \frac{1}{4}$$

これを使って確率 $\mathrm{Pr}(B \,|\, A)$ を求めます。

$$\mathrm{Pr}(B \,|\, A) = \frac{\mathrm{Pr}(A \cap B)}{\mathrm{Pr}(A)} \qquad \text{条件付き確率の定義から}$$

$$= \frac{\frac{1}{4}}{\frac{3}{4}}$$

$$= \frac{1}{3}$$

答 $\dfrac{1}{3}$

●**問題 3-8**（条件付き確率）

12 枚の絵札をよく切って 1 枚を引く試行を考えます。事象 A と B をそれぞれ、

$$A = 《♡ が出る事象》$$
$$B = 《\texttt{Q} が出る事象》$$

とします。このとき、次の確率をそれぞれ求めてください。

① 事象 A が起きたという条件のもとで、
　 事象 $A \cap B$ が起きる条件付き確率 $\Pr(A \cap B \mid A)$

② 事象 $A \cup B$ が起きたという条件のもとで、
　 事象 $A \cap B$ が起きる条件付き確率 $\Pr(A \cap B \mid A \cup B)$

■**解答 3-8**

条件付き確率の定義を用いて計算します。その際に、

$$\Pr(A \cap B) = \tfrac{1}{12}, \quad \Pr(A \cup B) = \tfrac{1}{2}, \quad \Pr(A) = \tfrac{1}{4}$$

を用います。

①

$$\Pr(A \cap B \mid A) = \frac{\Pr(A \cap (A \cap B))}{\Pr(A)} \qquad \text{条件付き確率の定義から}$$

$$= \frac{\Pr(A \cap B)}{\Pr(A)} \qquad A \cap (A \cap B) = A \cap B \text{ だから}$$

$$= \frac{\frac{1}{12}}{\frac{1}{4}}$$

$$= \frac{1}{12} \times \frac{4}{1}$$

$$= \frac{1}{3}$$

②

$$\Pr(A \cap B \mid A \cup B) = \frac{\Pr((A \cup B) \cap (A \cap B))}{\Pr(A \cup B)} \qquad \text{条件付き確率の定義から}$$

$$= \frac{\Pr(A \cap B)}{\Pr(A \cup B)} \qquad (A \cup B) \cap (A \cap B) = A \cap B \text{ から}$$

$$= \frac{\frac{1}{12}}{\frac{1}{2}}$$

$$= \frac{1}{12} \times \frac{2}{1}$$

$$= \frac{1}{6}$$

答 ① $\frac{1}{3}$, ② $\frac{1}{6}$

補足

①と②の大小関係に注目してください。

① 事象 A が起きたという条件のもとで、
　事象 A ∩ B が起きる条件付き確率 $\Pr(A \cap B \mid A) = \frac{1}{3}$

② 事象 A ∪ B が起きたという条件のもとで、
　事象 A ∩ B が起きる条件付き確率 $\Pr(A \cap B \mid A \cup B) = \frac{1}{6}$

ここで、

① ♡ が出たとわかったときに、
　実際のカードが♡Qである確率 $\Pr(A \cap B \mid A) = \frac{1}{3}$

② ♡ と Q の少なくとも片方が出たとわかったときに、
　実際のカードが♡Qである確率 $\Pr(A \cap B \mid A \cup B) = \frac{1}{6}$

であることを考えると、

$$\Pr(A \cap B \mid A) > \Pr(A \cap B \mid A \cup B)$$

という大小関係は意外に感じるかもしれません。なぜなら、

　「♡ が出た」

と言われるよりも、

　「♡ と Q の少なくとも片方が出た」

と言われる方が ♡Q が出た可能性が高い証拠のように感じるかもしれないからです。しかし、実際には「♡ が出た」と言われる方が条件付き確率は大きいのです[*1]。

[*1] この問題は参考文献 [11]『確率論へようこそ』を参考にしています。

第4章の解答

●**問題 4-1**（常に陽性になる検査）

検査 B′ は、検査結果が常に陽性となる検査です（p. 154 参照）。検査対象となる u 人のうち、病気 X に罹っている人の割合を p とします（$0 \leqq p \leqq 1$）。u 人全員が検査 B′ を受けたときの㋐〜㋕の人数を u と p を使って書き、表を埋めてください。

	罹っている	罹っていない	合計
陽性	㋐	㋑	㋐ ＋ ㋑
陰性	㋒	㋓	㋒ ＋ ㋓
合計	㋔	㋕	u

■**解答 4-1**

検査対象 u 人のうち病気 X に罹っている割合が p なので、罹っていない割合は $1 - p$ となり、

$$㋔ = pu, \qquad\qquad ㋕ = (1 - p)u$$

です。検査 B′ は検査結果が必ず陽性なので、

$$㋐ = ㋔ = pu, \qquad\qquad ㋑ = ㋕ = (1 - p)u,$$

$$㋒ = 0, \qquad\qquad ㋓ = 0$$

です。したがって、表は次のようになります。

	罹っている	罹っていない	合計
陽性	pu	$(1-p)u$	u
陰性	0	0	0
合計	pu	$(1-p)u$	u

●問題 4-2（出身校と男女）

ある高校のクラスには、生徒が男女合わせて u 人おり、どの生徒も A 中学と B 中学どちらかの出身です。A 中学出身者 a 人のうち男性は m 人です。また、B 中学出身者である女性は f 人です。クラスの生徒全員からくじ引きで 1 名を選んだところ、その生徒は男性でした。この生徒が B 中学出身である確率を u, a, m, f で表してください。

■解答 4-2

表を描いて考えます。

問題文で与えられている情報は次の表の通りです。

	男性	女性	合計
A 中学出身	m		a
B 中学出身		f	
合計			u

空いている部分を埋めると、次の表のようになります。

	男性	女性	合計
A 中学出身	m	$a-m$	a
B 中学出身	$u-a-f$	f	$u-a$
合計	$m+u-a-f$	$a-m+f$	u

したがって、求める確率は、

$$\frac{\text{B 中学出身の男性}}{\text{男性}} = \frac{u-a-f}{m+u-a-f}$$

になります。

答 $\dfrac{u-a-f}{m+u-a-f}$

補足

空いている部分を埋める手順例は以下の通りです。

① B 中学出身者 $= u-a$
② A 中学出身の女性 $= a-m$
③ 女性 $=$ A 中学出身の女性 $+f = a-m+f$
④ B 中学出身の男性 $=$ B 中学出身者 $-f = u-a-f$
⑤ 男性 $= m+$ B 中学出身の男性 $= m+u-a-f$

●**問題 4-3**（広告効果の調査）

広告効果を調べるため、客に「広告を見たかどうか」を尋ね、男女合わせて u 人から回答を得ました。男性 M 人のうち、広告を見たのは m 人でした。また、広告を見た女性は f 人でした。このとき、次の p_1, p_2 をそれぞれ求め、u, M, m, f で表してください。

① 回答した女性のうち、広告を見なかったと回答した女性の割合 p_1

② 広告を見なかったと回答した客のうち、女性の割合 p_2

p_1 と p_2 は 0 以上 1 以下の実数とします。

■**解答 4-3**

表を描いて考えます。

問題文で与えられている情報は次の表の通りです。

	男性	女性	合計
広告を見た	m	f	
広告を見なかった			
合計	M		u

空いている部分を埋めると、次の表のようになります。

	男性	女性	合計
広告を見た	m	f	m + f
広告を見なかった	M − m	u − M − f	u − m − f
合計	M	u − M	u

① 回答した女性のうち、広告を見なかったと回答した女性の割合 p_1 は、

$$p_1 = \frac{\text{広告を見なかった女性の人数}}{\text{女性の人数}} = \frac{u - M - f}{u - M}$$

です。

② 広告を見なかったと回答した客のうち、女性の割合 p_2 は、

$$p_2 = \frac{\text{広告を見なかった女性の人数}}{\text{広告を見なかった人数}} = \frac{u - M - f}{u - m - f}$$

です。

$$\text{答} \quad ① p_1 = \frac{u-M-f}{u-M}, \quad ② p_2 = \frac{u-M-f}{u-m-f}$$

●**問題 4-4**（全確率の定理）
事象 A と B について、$\Pr(A) \neq 0, \Pr(\overline{A}) \neq 0$ ならば次式が成り立つことを証明してください。

$$\Pr(B) = \Pr(A)\Pr(B\,|\,A) + \Pr(\overline{A})\Pr(B\,|\,\overline{A})$$

■**解答 4-4**

B の要素を、A に属するか否かで類別します。

● B の要素のうち、
A にも属する要素すべてを集めた集合は、$A \cap B$ です。

- B の要素のうち、
  A に属さない要素すべてを集めた集合は、$\overline{A} \cap B$ です。

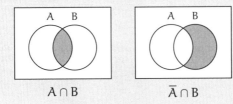

$$A \cap B \qquad\qquad \overline{A} \cap B$$

したがって、

$$B = (A \cap B) \cup (\overline{A} \cap B)$$

が成り立ちます。二つの事象 $A \cap B$ と $\overline{A} \cap B$ は排反ですから、確率の加法定理を使って、

$$\mathrm{Pr}(B) = \mathrm{Pr}((A \cap B) \cup (\overline{A} \cap B))$$

$$= \underbrace{\mathrm{Pr}(A \cap B)}_{①} + \underbrace{\mathrm{Pr}(\overline{A} \cap B)}_{②}$$

がいえます。ここで、確率の乗法定理より、

$$\begin{cases} ① = \mathrm{Pr}(A \cap B) = \mathrm{Pr}(A)\,\mathrm{Pr}(B \mid A) \\ ② = \mathrm{Pr}(\overline{A} \cap B) = \mathrm{Pr}(\overline{A})\,\mathrm{Pr}(B \mid \overline{A}) \end{cases}$$

がいえますから、

$$\mathrm{Pr}(B) = \underbrace{\mathrm{Pr}(A)\,\mathrm{Pr}(B \mid A)}_{①} + \underbrace{\mathrm{Pr}(\overline{A})\,\mathrm{Pr}(B \mid \overline{A})}_{②}$$

が成り立ちます。（証明終わり）

補足

テトラちゃんが第4章で使っていた表を描く方法で考えること
もできます。

$$\Pr(A)\Pr(B \mid A) + \Pr(\overline{A})\Pr(B \mid \overline{A}) = \cdots$$

$$= \cdots + \cdots$$

$$= \cdots$$

$$= \Pr(B)$$

したがって、

$$\Pr(B) = \Pr(A)\Pr(B \mid A) + \Pr(\overline{A})\Pr(B \mid \overline{A})$$

がいえました。

●**問題 4-5**（不合格品）

A_1, A_2 という二つの工場があり、どちらも同じ製品を製造しています。製造数の割合は工場 A_1, A_2 についてそれぞれ r_1, r_2 です（$r_1 + r_2 = 1$）。また、工場 A_1, A_2 の製品が不合格品である確率はそれぞれ p_1, p_2 です。製品全体からランダムに 1 個を選んだ製品が不合格品である確率を r_1, r_2, p_1, p_2 を使って表してください。

■**解答 4-5**

製品全体からランダムに 1 個を選ぶ試行を考え、事象 A_1, A_2, B をそれぞれ、

$$A_1 = 《工場 A_1 の製品である事象》$$
$$A_2 = 《工場 A_2 の製品である事象》$$
$$B = 《不合格品である事象》$$

とします。問題文で与えられている情報は、

$$\Pr(A_1) = r_1 \quad （製品全体のうち、工場 A_1 の製品の割合）$$
$$\Pr(A_2) = r_2 \quad （製品全体のうち、工場 A_2 の製品の割合）$$
$$\Pr(B \mid A_1) = p_1 \quad （工場 A_1 の製品のうち、不合格品の割合）$$
$$\Pr(B \mid A_2) = p_2 \quad （工場 A_2 の製品のうち、不合格品の割合）$$

と表現できます。$\overline{A_1} = A_2$ より、求める確率 $\Pr(B)$ は、

$$\begin{aligned}
\Pr(B) &= \Pr(A_1)\Pr(B \mid A_1) + \Pr(\overline{A_1})\Pr(B \mid \overline{A_1}) \quad \text{全確率の定理} \\
&= \Pr(A_1)\Pr(B \mid A_1) + \Pr(A_2)\Pr(B \mid A_2) \quad \overline{A_1} = A_2 \text{ より} \\
&= r_1 p_1 + r_2 p_2
\end{aligned}$$

となります。

答　$r_1 p_1 + r_2 p_2$

補足

すべての製造数を u 個と置き、次の表を描いて考えることもできます。

	不合格品	合格品	合計
工場 A_1	$r_1 p_1 u$	$r_1(1-p_1)u$	$r_1 u$
工場 A_2	$r_2 p_2 u$	$r_2(1-p_2)u$	$r_2 u$
合計	$r_1 p_1 u + r_2 p_2 u$	$r_1(1-p_1)u + r_2(1-p_2)u$	u

この表から、求める確率 $\Pr(B)$ は、

$$\Pr(B) = \frac{r_1 p_1 u + r_2 p_2 u}{u} = r_1 p_1 + r_2 p_2$$

となります。

最初から確率で考えた表を使うこともできます。

	B	$\overline{B}$	合計
A_1	$r_1 p_1$	$r_1(1-p_1)$	r_1
A_2	$r_2 p_2$	$r_2(1-p_2)$	r_2
合計	$r_1 p_1 + r_2 p_2$	$r_1(1-p_1) + r_2(1-p_2)$	1

したがって、求める確率 $\Pr(B)$ は次のように計算できます。

$$
\begin{aligned}
\Pr(B) &= \Pr((A_1 \cap B) \cup (\overline{A_1} \cap B)) \\
&= \Pr(A_1 \cap B) + \Pr(\overline{A_1} \cap B) \quad \text{加法定理（排反の場合）より} \\
&= \Pr(A_1 \cap B) + \Pr(A_2 \cap B) \\
&= r_1 p_1 + r_2 p_2
\end{aligned}
$$

●**問題 4-6**（検査ロボット）

大量の部品があり、そのうち品質基準を満たしている適合品は 98 ％で、不適合品は 2 ％であるとします。検査ロボットに部品を与えると、GOOD または NO GOOD のいずれかの検査結果を次の確率で出すとします。

- 適合品が与えられた場合、
  確率 90 ％で検査結果が GOOD になる。
- 不適合品が与えられた場合、
  確率 70 ％で検査結果が NO GOOD になる。

ランダムに選んだ部品を検査ロボットに与えたところ、検査結果は NO GOOD でした。この部品が実際に不適合品である確率を求めてください。

■**解答 4-6**

表を描きながら考えます。

部品全体から 1 個を検査する試行を考え、事象 G と C を、

> G = 《検査結果が GOOD となる事象》
>
> C = 《適合品である事象》

とします。

適合品の割合が 98％で不適合品の割合が 2％であることから、

$$\Pr(C) = 0.98, \quad \Pr(\overline{C}) = 0.02$$

といえます。確率の表は次の通りです。

	C	$\overline{C}$	合計
G	㋐	㋑	㋐ ＋ ㋑
$\overline{G}$	㋒	㋓	㋒ ＋ ㋓
合計	0.98	0.02	1

㋐,㋒,㋓,㋑ の順に確率を求めます。

適合品は確率 90％で GOOD になるので、$\Pr(G \mid C) = 0.9$ です。

$$
\begin{aligned}
㋐ &= \Pr(C \cap G) \\
&= \Pr(C)\Pr(G \mid C) \qquad \text{乗法定理より} \\
&= 0.98 \times 0.9 \\
&= 0.882
\end{aligned}
$$

㋐ ＋ ㋒ = 0.98 であることから、

$$
\begin{aligned}
㋒ &= 0.98 - ㋐ \\
&= 0.98 - 0.882 \\
&= 0.098
\end{aligned}
$$

不適合品は確率 70 % で NO GOOD になるので、$\Pr(\overline{G}\mid\overline{C}) = 0.7$ です。

$$\text{㊋} = \Pr(\overline{C}\cap\overline{G})$$
$$= \Pr(\overline{C})\Pr(\overline{G}\mid\overline{C}) \quad \text{乗法定理より}$$
$$= 0.02 \times 0.7$$
$$= 0.014$$

㋑ + ㊋ = 0.02 であることから、

$$\text{㋑} = 0.02 - \text{㊋}$$
$$= 0.02 - 0.014$$
$$= 0.006$$

となります。したがって、確率の表は次の通りです。

	C	$\overline{C}$	合計
G	0.882	0.006	0.888
$\overline{G}$	0.098	0.014	0.112
合計	0.98	0.02	1

求める確率は $\Pr(\overline{C}\mid\overline{G})$ なので、

$$\Pr(\overline{C}\mid\overline{G}) = \frac{\Pr(\overline{G}\cap\overline{C})}{\Pr(\overline{G})}$$
$$= \frac{0.014}{0.112}$$
$$= 0.125$$

となります。

答　12.5 %（0.125）

補足

　次のように、部品の総数を 1000 個として表を書き換えると、直観的にわかりやすくなります。

	C	$\bar{C}$	合計
G	882	6	888
$\bar{G}$	98	14	112
合計	980	20	1000

第5章の解答

●**問題 5-1**（二項係数）

$(x+y)^n$ を展開すると、$x^k y^{n-k}$ の係数は二項係数 $\binom{n}{k}$ に等しくなります（$k = 0, 1, 2, \ldots, n$）。このことを、小さな n で実際に計算して確かめましょう。

① $(x+y)^1 =$
② $(x+y)^2 =$
③ $(x+y)^3 =$
④ $(x+y)^4 =$

■**解答 5-1**

① $(x+y)^1$ を展開します。

$$(x+y)^1 = x+y$$
$$= 1x^1 y^0 + 1x^0 y^1$$

② $(x+y)^2$ を展開します。

$$\begin{aligned}
(x+y)^2 &= (x+y)(x+y) \\
&= (x+y)x + (x+y)y \\
&= xx + yx + xy + yy \\
&= x^2 + \underline{xy} + \underline{xy} + y^2 \\
&= x^2 + \underline{2xy} + y^2 \qquad \text{同類項を加えた} \\
&= 1x^2y^0 + 2x^1y^1 + 1x^0y^2
\end{aligned}$$

③ $(x+y)^3$ を展開するときには②を利用できます。

$$\begin{aligned}
(x+y)^3 &= (x+y)^2(x+y) \\
&= \underbrace{(x^2 + 2xy + y^2)}_{\text{②}}(x+y) \\
&= (x^2 + 2xy + y^2)x + (x^2 + 2xy + y^2)y \\
&= x^3 + \underline{2x^2y} + \underwave{xy^2} + \underline{x^2y} + \underwave{2xy^2} + y^3 \\
&= x^3 + \underline{3x^2y} + \underwave{3xy^2} + y^3 \qquad \text{同類項を加えた} \\
&= 1x^3y^0 + 3x^2y^1 + 3x^1y^2 + 1x^0y^3
\end{aligned}$$

④ $(x+y)^4$ を展開するときには③を利用できます。

$$
\begin{aligned}
(x+y)^4 &= (x+y)^3(x+y) \\
&= \underbrace{(x^3 + 3x^2y + 3xy^2 + y^3)}_{③}(x+y) \\
&= (x^3 + 3x^2y + 3xy^2 + y^3)x + (x^3 + 3x^2y + 3xy^2 + y^3)y \\
&= x^4 + \underline{3x^3y} + \boxed{3x^2y^2} + \underset{\sim}{xy^3} + \underline{x^3y} + \boxed{3x^2y^2} + \underset{\sim}{3xy^3} + y^4 \\
&= x^4 + \underline{4x^3y} + \boxed{6x^2y^2} + \underset{\sim}{4xy^3} + y^4 \qquad \text{同類項を加えた} \\
&= 1x^4y^0 + 4x^3y^1 + 6x^2y^2 + 4x^1y^3 + 1x^0y^4
\end{aligned}
$$

補足

係数を強調して $(x^3 + 3x^2y + 3xy^2 + y^3)(x+y)$ を筆算風に書きます。

$$
\begin{array}{r}
1x^3y^0 + 3x^2y^1 + 3x^1y^2 + 1x^0y^3 \\
\times \qquad\qquad\qquad 1x^1y^0 + 1x^0y^1 \\
\hline
1x^3y^1 + 3x^2y^2 + 3x^1y^3 + 1x^0y^4 \\
1x^4y^0 + 3x^3y^1 + 3x^2y^2 + 1x^1y^3 \qquad\qquad \\
\hline
1x^4y^0 + 4x^3y^1 + 6x^2y^2 + 4x^1y^3 + 1x^0y^4
\end{array}
$$

係数に注目すると、これは 1331×11 の計算と同じことをやっ

ているのがわかります*2。また、同類項を加える計算が、パスカ
ルの三角形を作る際に行う加算に対応していることがわかります。

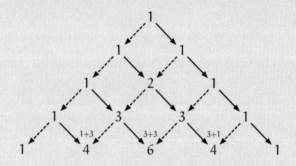

●**問題 5-2**（コインを投げる回数）

本文の《未完のゲーム》において、A は残り a 点で勝ち、B は残り b 点で勝つとします。ここから勝利者が決まるまでに、何回コインを投げるでしょうか。コインを投げる回数が最少 m 回、最多 M 回として、m と M を求めてください。ただし、a と b はどちらも 1 以上の整数とします。

■**解答 5-2**

　コインを投げる回数が最も少なくなるのは、A と B のどちらかが一方的に得点を重ねて勝つ場合です。したがって m は、a と b の大きくない方の値（a ≠ b の場合は小さい方の値で、a = b の場合はその値自身）です。すなわち、

$$m = \begin{cases} a & (a \leqq b \text{ の場合}) \\ b & (a \geqq b \text{ の場合}) \end{cases}$$

となります。これを、

$$m = \min\{a, b\}$$

と書く場合もあります[*3]。

　コインを投げる回数が最も多くなるのは、A と B が共に残り 1 点になるまで勝負がもつれ込み、最後の 1 投で勝利者が決まった場合です。したがって M は《A が残り 1 点になるための回数 a − 1》と《B が残り 1 点になるための回数 b − 1》の和に 1 を加えたもので、

_____

[*3] min は最小値（<u>minimum</u> value）という意味です。

$$M = (a-1) + (b-1) + 1 = a + b - 1$$

となります。

答 $m = \min\{a, b\}$, $M = a + b - 1$

補足

 A が残り a 点で勝ち、B が残り b 点で勝つという状況を座標平面上の点 $(x, y) = (a, b)$ で表現することにします。また、座標平面上の点 (x, y) から点 $(x-1, y)$ への移動を「左への1歩」と考え、点 (x, y) から点 $(x, y-1)$ への移動を「下への1歩」と表現することにします。このとき m の値は、点 (a, b) から $(0, b)$ または $(a, 0)$ までの歩数の最小値になります。また M の値は、点 $(0, 1)$ または点 $(1, 0)$ までの歩数になります。

 たとえば、$a = 3, b = 2$ の場合、m と M を具体的に確かめてみましょう。

 点 $(3, 2)$ から点 $(0, 2)$ へは3歩、点 $(3, 0)$ へは2歩で行けるので最小値は2で、確かに $m = \min\{3, 2\} = 2$ となっています。

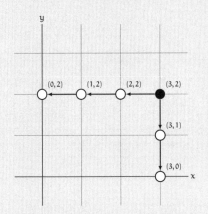

点 $(3,2)$ から点 $(0,2)$ へは 3 歩、
点 $(3,2)$ から点 $(3,0)$ へは 2 歩

　また、点 $(3,2)$ から点 $(0,1)$ または点 $(1,0)$ へは 4 歩で行け、確かに $M = a + b - 1 = 3 + 2 - 1 = 4$ となっています。点 $(3,2)$ から点 $(0,1)$ または点 $(1,0)$ へ行くときには、必ず点 $(1,1)$ を通る必要があります。点 $(1,1)$ は、最も勝負がもつれ込んだ状況に対応しています。

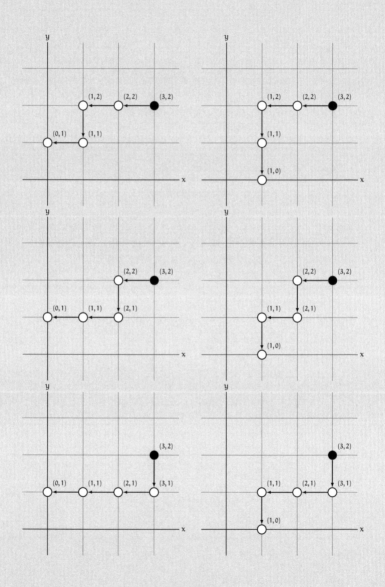

もっと考えたいあなたのために

　本書の数学トークに加わって「もっと考えたい」というあなたのために、研究問題を以下に挙げます。解答は本書に書かれていませんし、たった一つの正解があるとも限りません。

　あなた一人で、あるいはこういう問題を話し合える人たちといっしょに、じっくり考えてみてください。

第1章 確率 $\frac{1}{2}$ の謎

●**研究問題 1-X1**（確率と相対度数）

第1章では確率と相対度数について考えました。あなたも実際にコインを投げて、表が出るか裏が出るかを調べましょう。コインを M 回まで投げた時点で表が出た回数（m）を集計し、横軸が M で縦軸が相対度数 $\frac{m}{M}$ となるグラフを描いてみてください。

●**研究問題 1-X2**（シミュレーションを行う）

第1章では、コインを投げたときに次の二つがどう違うかについて考えました（p. 42）。

- 表が出た回数と裏が出た回数の《差》
- 投げた回数に対する表が出た回数の《比》

あなたが使えるプログラミング言語で、0 または 1 が出る乱数を繰り返し発生させるプログラムを作り、《差》と《比》が実際にどうなるかを調べてみましょう。

●**研究問題 1-X3**（確率に関わる表現）

第1章では「確率が $\frac{1}{2}$ である」や「2回に1回起きる」という表現の意味を考察しました。あなたの身の回りで見かける同じような表現を調べて、それがどのような意味で使われているかを吟味してみましょう。吟味にあたっては「その表現は数学的に正しいか否か」という視点だけで考えるのではなく、「その表現はどのような概念を表そうとしているか」という視点でも考えましょう。

●**研究問題 1-X4**（《起きやすさ》と《確率》）

第1章では、《起きやすさ》と《確率》の関係について、《温かさ》と《温度》の関係と比較して考えました（p.9）。あなたの身の回りで、このような関係は他にあるでしょうか。探してみましょう。

第2章 全体のうち、どれくらい？

●**研究問題 2-X1**（全体は何か）
ニュースなどで「パーセント」が出てくる表現を探し、《全体は何か》を調べてみましょう。また、パーセントを実際の量に直してみましょう。たとえば「商品 X の売上が 30 ％増加した」という表現を見つけたら、何を 100 ％としたときの 30 ％なのかを調べ、増加した売上を「30 ％増加」ではなく「何円増加」に直してみましょう。

●**研究問題 2-X2**（ポーカーの役が出る確率）
トランプのポーカーでは、5 枚のカードの組み合わせによって役が決まります。もっとも強い役はロイヤルストレートフラッシュで、10, J, Q, K, A の 5 枚が同じスートでそろった場合です。よく切った 52 枚のカードから 5 枚を選んだとき、ロイヤルストレートフラッシュになっている確率を計算してください。また、他の役についても計算してみましょう。

●**研究問題 2-X3**（くじ引きの順番）

100人のメンバーがいます。1枚の「当たり」を含む100枚のくじから1人1枚ずつ順番に引いていきます。引いたくじは戻しません。早い順番で引くのと遅い順番で引くのとでは「当たり」になる確率は異なるでしょうか。

●**研究問題 2-X4**（ルーレットゲームと安全装置）

「当たり」の確率が $\frac{1}{100}$ のルーレットゲームで、続けて10回当たりが出る確率は、

$$\underbrace{\frac{1}{100} \times \cdots \times \frac{1}{100}}_{10個} = \frac{1}{100^{10}} = \underbrace{\frac{1}{100000000000000000000}}_{0 \text{ が } 20 個}$$

です。ところで、故障する確率が $\frac{1}{100}$ の安全装置を10個、ある機械に取り付けたとします。すべての安全装置が故障する確率も、

$$\underbrace{\frac{1}{100000000000000000000}}_{0 \text{ が } 20 個}$$

だといえるでしょうか。どんなときにいえるか、どんなときにいえないかを考えてください。

第3章 条件付き確率

●**研究問題 3-X1**（繰り返し）

第3章では、私たちが確率を考えるとき、何回も繰り返せることが前提という話題が出ていました（p.90）。では、1回しか起きないことを考えるときに確率を考える意味はあるでしょうか。1回しか起きないことの例として、たとえば特定の個人が生まれることや、特定の日の特定の場所に雨が降ることなどが考えられます。

●**研究問題 3-X2**（部分集合と事象）

第3章では、集合で事象を表すという話題が出ていました。集合 A が集合 B の部分集合であり、しかも A と B が事象を表しているならば、事象 A と B はどのような関係にあるといえますか。

なお、集合 A が集合 B の部分集合であるとは、集合 A に属する任意の要素が集合 B にも属していることをいい、

$$A \subset B$$

と書きます[*1]。

[*1] $A \subseteq B$ や $A \subseteqq B$ と書く場合もあります。

第 4 章 命に関わる確率

●**研究問題 4-X1**（複数回の検査）
第 4 章本文では、1 回の検査で陽性が出た場合を議論していました。では、複数回の検査を行った場合はどのように考えればいいでしょうか。

●**研究問題 4-X2**（全確率の定理）
一般化した全確率の定理を証明してください。

$$\Pr(B) = \Pr(A_1)\Pr(B \mid A_1) + \cdots + \Pr(A_n)\Pr(B \mid A_n)$$

ここで、n 個の事象 $A_1, \ldots, A_n$ はどの二つを選んでも排反で、$A_1 \cup \cdots \cup A_n$ は全事象に等しく、$\Pr(A_1), \ldots, \Pr(A_n)$ はどれも 0 ではないとします。

第5章 未完のゲーム

●**研究問題 5-X1**（3個のサイコロ）
ガリレオ・ガリレイ[*2]は、3個のサイコロを実際に繰り返し
振って、《合計9になる場合》と《合計10になる場合》では、
どちらが出やすいかを調べ、また場合の数を計算しました。
あなたもやってみましょう。

●**研究問題 5-X2**（偏ったコイン）
第5章の《未完のゲーム》では、フェアなコインを投げてゲー
ムを行いました。もしも、偏ったコイン（表が出る確率が $\frac{1}{2}$
ではないコイン）を用いた場合には、どのような答えになる
でしょうか。

[*2] Galileo Galilei (1564-1642)

●**研究問題 5-X3**（確率と期待値）

「付録：期待値」（p.253）では、確率変数（試行の結果で値が定まるもの）と、その期待値について説明があります。確率 p で当たりが出るくじを引くことを試行と考え、当たりならば 1 で、はずれならば 0 になる確率変数を X とします。このとき、期待値 E[X] は何を表していると考えられるでしょうか[*3]。

●**研究問題 5-X4**（式の吟味）

第5章の解答 5-2（一般化した《未完のゲーム》）で、

$$P(a, b) = \frac{1}{2^n} \sum_{k=0}^{b-1} \binom{n}{k}$$

$$Q(a, b) = \frac{1}{2^n} \sum_{k=b}^{n} \binom{n}{k}$$

を求めました（p.245 参照）。第5章で調べた通り、関数 P と Q には、

$$P(a, b) = Q(b, a)$$

の関係が確かに成り立っていることを確かめてください。ただし、a, b は 1 以上の整数で n = a + b − 1 とします。

[*3] 参考文献 [5]『数学ガール／乱択アルゴリズム』の「インディケータ確率変数」を参照。

あとがき

こんにちは、結城浩です。

『数学ガールの秘密ノート／確率の冒険』をお読みくださって、ありがとうございます。

本書は、確率と起きやすさの関係、相対度数と確率の違い、確率と集合の関係、条件付き確率、偽陽性と偽陰性、未完のゲーム、表や図を使って確率を考えること——といった話題をめぐる一冊となりました。彼女たちといっしょに《確率の冒険》を楽しんでいただけたでしょうか。

確率を苦手だと感じる方はたくさんいらっしゃいます。もしもあなたが《全体は何か》という問いかけを身につけたならば、この本の目的はほぼ達成したといえます。

本書は、ケイクス（cakes）での Web 連載「数学ガールの秘密ノート」第 251 回から第 260 回までを書籍として再編集したものです。本書を読んで「数学ガールの秘密ノート」シリーズに興味を持った方は、ぜひ Web 連載もお読みください。

「数学ガールの秘密ノート」シリーズは、やさしい数学を題材にして、中学生と高校生たちが楽しい数学トークを繰り広げる物語です。

同じ登場人物たちが活躍する「数学ガール」シリーズという別のシリーズもあります。こちらは、より幅広い数学にチャレンジする数学青春物語です。本書では確率として古典的確率の定義を

扱いましたが、『数学ガール／乱択アルゴリズム』（参考文献 [5]）では古典的確率、統計的確率、そして現代の数学で主に用いられる公理的確率についても触れています。

　「数学ガールの秘密ノート」と「数学ガール」の二つのシリーズ、どちらも応援してくださいね。

　本書は、LaTeX 2_ε と Euler フォント（AMS Euler）を使って組版しました。組版では、奥村晴彦先生の『LaTeX 2_ε 美文書作成入門』に助けられました。感謝します。図版は、OmniGraffle, TikZ, TeX2img を使って作成しました。感謝します。

　執筆途中の原稿を読み、貴重なコメントを送ってくださった、以下の方々と匿名の方々に感謝します。当然ながら、本書中に残っている誤りはすべて筆者によるものであり、以下の方々に責任はありません。

安福智明さん、　安部哲哉さん、　井川悠祐さん、　石宇哲也さん、
稲葉一浩さん、　上原隆平さん、　植松弥公さん、
大上丈彦さん（メダカカレッジ）、大畑良太さん、
岡内孝介さん、　梶田淳平さん、　木村巌さん、　郡茉友子さん、
杉田和正さん、　統計たん、　中山琢さん、　西尾雄貴さん、
西原史暁さん、　藤田博司さん、
梵天ゆとりさん（メダカカレッジ）、前原正英さん、
増田菜美さん、　松森至宏さん、　三河史弥さん、　三國瑶介さん、
村井建さん、　森木達也さん、　森皆ねじ子さん、　矢島治臣さん、
山田泰樹さん。

　「数学ガールの秘密ノート」と「数学ガール」の両シリーズを
ずっと編集してくださっている SB クリエイティブの野沢喜美男
編集長に感謝します。
　ケイクスの加藤貞顕さんに感謝します。
　執筆を応援してくださっているみなさんに感謝します。
　最愛の妻と子供たちに感謝します。
　本書を最後まで読んでくださり、ありがとうございます。
　では、次回の『数学ガールの秘密ノート』でお会いしましょう！

2020 年 9 月

結城 浩

参考文献と読書案内

読み物

[1] キース・デブリン, 原啓介訳,『世界を変えた手紙』, 岩波書店, ISBN978-4-00-006277-0, 2010 年.
パスカルがフェルマーに宛てて書いた手紙を紹介しながら、数学的な確率の概念の誕生と成長を描いていく読み物です。〔本書に関連する話題として、「未完のゲーム」の問題を含んでいます〕

[2] 結城浩,『数学ガールの秘密ノート／場合の数』, SB クリエイティブ, ISBN978-4-7973-8711-7, 2016 年.
順列や組み合わせなどの場合の数を学んでいく読み物です。〔本書に関連する話題として、集合とヴェン図、パスカルの三角形、漸化式などを含んでいます〕

[3] 結城浩,『数学ガールの秘密ノート／やさしい統計』, SB クリエイティブ, ISBN978-4-7973-8712-4, 2016 年.
グラフのトリック、偏差値、平均、分散、標準偏差、チェビシェフの不等式、仮説検定など、統計の基本を学んでいく読み物です。〔本書に関連する話題として、確率、相対度数、試行と事象、期待値、パスカルの三角形などを含んでいます〕

[4] 結城浩,『数学ガールの秘密ノート／ビットとバイナリー』,

SB クリエイティブ, ISBN978-4-7973-9139-8, 2019 年.

10 進法と 2 進法の位取り記数法、ビットパターン、ピクセル、ビット演算、2 の補数表現、グレイコード、ρ 関数、順序集合とブール代数などを通して、コンピュータに関係する数学を学んでいく読み物です。〔本書に関連する話題として、二項係数、漸化式、集合とヴェン図などを含んでいます〕

[5] 結城浩, 『数学ガール／乱択アルゴリズム』, SB クリエイティブ, ISBN978-4-7973-6100-1, 2011 年.

ランダムな選択を行う乱択アルゴリズムの可能性を、確率論を使って探る物語です。〔本書に関連する話題として、確率の定義、確率変数、期待値などを含んでいます〕

教科書・数学書

[6] G. ポリア, 柿内賢信訳, 『いかにして問題をとくか』, 丸善株式会社, ISBN978-4-621-04593-0, 1954 年.

数学教育を題材にしつつ、どうやって問題というものを解いていくかを解説した参考書です。

[7] 黒田孝郎＋森毅＋小島順＋野崎昭弘ほか, 『高等学校の確率・統計』, 筑摩書房, ちくま学芸文庫, ISBN978-4-480-09393-6, 2011 年.

1984 年に三省堂から刊行された高等学校用検定教科書と指導資料を合わせて文庫化したものです。基本的な確率と統計について、具体例と問題を通して説明しています。〔本書に関連する話題として、確率の定義、順列と組み合わせ、確率変数、期待値などを含んでいます〕

[8] 平岡和幸＋堀玄,『プログラミングのための確率統計』, オーム社, ISBN 978-4-274-06775-4, 2009 年.

　数学のプロではない人が、確率・統計の基礎を学ぶことを目的とした参考書です。「確率は面積だ」を知るところから始まり、応用の利く基礎を学ぶことができます。〔確率の定義、試行と事象について参考にしました〕

[9] 小針晛宏,『確率・統計入門』, 岩波書店, ISBN978-4-00-005157-6, 1973 年.

　確率・統計の教科書です。〔確率の定義、条件付き確率などについて参考にしました〕

[10] A. コルモゴロフ＋ I. ジュルベンコ＋ A. プロホロフ, 丸山哲郎＋馬場良和訳,『コルモゴロフの確率論入門』, 森北出版, ISBN978-4-627-09511-3, 2003 年.

　公理的確率論を構築した数学者、コルモゴロフが著した確率論の入門書です。多くの例とやさしい問題を通して、確率のいきいきした姿に出会うことができます。〔第 4 章全般および全確率の定理について参考にしました〕

[11] G. ブロム＋ L. ホルスト＋ D. サンデル, 森真訳,『確率論へようこそ』, シュプリンガー・ジャパン, ISBN978-4-431-71145-2, 2005 年.

　典型的な問題を解きながら、確率論の全体像を把握していく問題集です。〔問題 3-8（p. 144）について参考にしました〕

[12] Prakash Gorroochurn, 野間口謙太郎訳,『確率は迷う』, 共立出版, ISBN978-4-320-11339-8, 2018 年.

　離散的な古典的確率にまつわる歴史的な問題 33 問を集めた数学書です。〔問題 4「シュバリエ・ド・メレの問題 II：分配問題」は、本書の第 5 章で参考にしました。

　　　問題 13「ダランベールと賭博者の誤謬」で紹介されてい
　　　る大数の弱法則は、本書 p. 39 でのユーリの疑問への解
　　　答を与えています。問題 14 の確率の定義に関する議論
　　　は、本書の第 1 章で参考にしました。問題 28「誕生日問
　　　題」と問題 30「シンプソンのパラドックス」は、本書の
　　　エピローグで参考にしました〕

[13] Ronald L. Graham, Donald E. Knuth, Oren Patashnik, 有
　　　澤誠＋安村通晃＋萩野達也＋石畑清訳、『コンピュータの数
　　　学 第 2 版』、共立出版, ISBN978-4-320-12464-6, 2020 年.
　　　　　和を求めることをテーマにした離散数学の参考書です。
　　　〔二項係数、離散的確率全般について参考にしました〕

歴史と基礎概念

[14] パスカル, 原亨吉訳、『パスカル 数学論文集』、筑摩書房, ち
　　　くま学芸文庫, ISBN978-4-480-09593-0, 2014 年.
　　　　　〔本書に関連する話題として、数三角形（パスカルの三
　　　角形）とその応用を含んでいます〕

[15] ラプラス, 内井惣七訳、『確率の哲学的試論』、岩波書店, 岩
　　　波文庫, ISBN978-4-00-339251-5, 1997 年.
　　　　　〔確率の定義について参考にしました〕

[16] A. N. コルモゴロフ＋坂本實訳、『確率論の基礎概念』、筑摩
　　　書房, ちくま学芸文庫, ISBN978-4-480-09303-5, 2010 年.
　　　　　〔確率の定義、試行と事象、集合と事象について参考に
　　　しました〕

索引

●結城浩の著作

『C 言語プログラミングのエッセンス』，ソフトバンク，1993（新版：1996）
『C 言語プログラミングレッスン　入門編』，ソフトバンク，1994
　　（改訂第 2 版：1998）
『C 言語プログラミングレッスン　文法編』，ソフトバンク，1995
『Perl で作る CGI 入門　基礎編』，ソフトバンクパブリッシング，1998
『Perl で作る CGI 入門　応用編』，ソフトバンクパブリッシング，1998
『Java 言語プログラミングレッスン（上）（下）』，
　　ソフトバンクパブリッシング，1999（改訂版：2003）
『Perl 言語プログラミングレッスン　入門編』，
　　ソフトバンクパブリッシング，2001
『Java 言語で学ぶデザインパターン入門』，
　　ソフトバンクパブリッシング，2001　（増補改訂版：2004）
『Java 言語で学ぶデザインパターン入門　マルチスレッド編』，
　　ソフトバンクパブリッシング，2002
『結城浩の Perl クイズ』，ソフトバンクパブリッシング，2002
『暗号技術入門』，ソフトバンクパブリッシング，2003
『結城浩の Wiki 入門』，インプレス，2004
『プログラマの数学』，ソフトバンクパブリッシング，2005
『改訂第 2 版 Java 言語プログラミングレッスン（上）（下）』，
　　ソフトバンククリエイティブ，2005
『増補改訂版 Java 言語で学ぶデザインパターン入門　マルチスレッド編』，
　　ソフトバンククリエイティブ，2006
『新版 C 言語プログラミングレッスン　入門編』，
　　ソフトバンククリエイティブ，2006
『新版 C 言語プログラミングレッスン　文法編』，
　　ソフトバンククリエイティブ，2006
『新版 Perl 言語プログラミングレッスン　入門編』，
　　ソフトバンククリエイティブ，2006
『Java 言語で学ぶリファクタリング入門』，
　　ソフトバンククリエイティブ，2007
『数学ガール』，ソフトバンククリエイティブ，2007
『数学ガール／フェルマーの最終定理』，ソフトバンククリエイティブ，2008
『新版暗号技術入門』，ソフトバンククリエイティブ，2008

『数学ガール／ゲーデルの不完全性定理』，
　　ソフトバンククリエイティブ，2009
『数学ガール／乱択アルゴリズム』，ソフトバンククリエイティブ，2011
『数学ガール／ガロア理論』，ソフトバンククリエイティブ，2012
『Java 言語プログラミングレッスン　第 3 版（上・下）』，
　　ソフトバンククリエイティブ，2012
『数学文章作法　基礎編』，筑摩書房，2013
『数学ガールの秘密ノート／式とグラフ』，
　　ソフトバンククリエイティブ，2013
『数学ガールの誕生』，ソフトバンククリエイティブ，2013
『数学ガールの秘密ノート／整数で遊ぼう』，SB クリエイティブ，2013
『数学ガールの秘密ノート／丸い三角関数』，SB クリエイティブ，2014
『数学ガールの秘密ノート／数列の広場』，SB クリエイティブ，2014
『数学文章作法　推敲編』，筑摩書房，2014
『数学ガールの秘密ノート／微分を追いかけて』，SB クリエイティブ，2015
『暗号技術入門　第 3 版』，SB クリエイティブ，2015
『数学ガールの秘密ノート／ベクトルの真実』，SB クリエイティブ，2015
『数学ガールの秘密ノート／場合の数』，SB クリエイティブ，2016
『数学ガールの秘密ノート／やさしい統計』，SB クリエイティブ，2016
『数学ガールの秘密ノート／積分を見つめて』，SB クリエイティブ，2017
『プログラマの数学　第 2 版』，SB クリエイティブ，2018
『数学ガール／ポアンカレ予想』，SB クリエイティブ，2018
『数学ガールの秘密ノート／行列が描くもの』，SB クリエイティブ，2018
『C 言語プログラミングレッスン　入門編　第 3 版』，
　　SB クリエイティブ，2019
『数学ガールの秘密ノート／ビットとバイナリー』，SB クリエイティブ，2019
『数学ガールの秘密ノート／学ぶための対話』，SB クリエイティブ，2019
『数学ガールの秘密ノート／複素数の広がり』，SB クリエイティブ，2020

本書をお読みいただいたご意見、ご感想を以下の QR コード、URL よりお寄せください。

https://isbn2.sbcr.jp/06039/

数学ガールの秘密ノート／確率の冒険

2020 年 12 月 12 日　初版発行
2022 年 5 月 26 日　第 2 刷発行

著　者：結城　浩

発行者：小川　淳

発行所：SBクリエイティブ株式会社
　　　　〒106-0032　東京都港区六本木 2-4-5
　　　　https://www.sbcr.jp/

印　刷：株式会社リーブルテック

装　丁：米谷テツヤ

カバー・本文イラスト：たなか鮎子

Printed in Japan　　　　　　　　　　　　　ISBN978-4-8156-0603-9